U0215447

自然书馆 中国国家公园丛书

WENYUAN

# 问源

## -钱 江 源-

谷禾　杨方　著

中国林业出版社
CFPH China Forestry Publishing House

**出版人**
刘东黎

**策划**
纪亮

**编辑**
何增明　孙瑶　盛春玲
张衍辉　袁理

# 总序

## 一

我国于2013年提出“建立国家公园体制”，并于2015年开始设立了三江源、东北虎豹、大熊猫、祁连山、海南热带雨林、武夷山、神农架、香格里拉普达措、钱江源、南山10处国家公园体制试点，涉及青海、吉林、黑龙江、四川、陕西、甘肃、湖北、福建、浙江、湖南、云南、海南12个省，总面积超过22万平方公里。2021年我国将正式设立一批国家公园，中国的国家公园建设事业从此全面浮出历史地表。

国家公园不同于一般意义上的自然保护区，更不是一般的旅游景区，其设立的初心，是要保护自然生态系统的原真性和完整性，同时为与其环境和文化相和谐的精神、科学、教育和游憩活动提供基本依托。作为原初宏大宁静的自然空间，它被国家所“编排和设定”，也只有国家才能对如此大尺度甚至跨行政区的空间进行有效规划与管理。1872年，美国建立了世界上第一个国家公园——黄石国家公园。经过一个多世纪的发展，国家公园独特的组织建制和丰富的科学内涵，被世界高度认可。而自然与文化的结合，也成为国家公园建设与可持续发展的关键。

在自然保护方面，国家公园以保护具有国家代表性的自然生态系统为目标，是自然生态系统最重要、自然景观最独特、自然遗产最精华、生物多样性最富集的部分，保护范围大，生态过程完整，具有全球价值、国家象征，国民认同度高。

与此同时，国家公园也在文化、教育、生态学、美学和科研领域凸显杰出的价值。

在文化的意义上，国家公园与一般性风景保护区、营利性公园有着重大的区别，它是民族优秀文化的弘扬之地，是国家主流价值观的呈现之所，也体现着特有的文化功能。举例而言，英国的高地沼泽景观、日本国立公园保留的古寺庙、澳大利亚保护的作为淘金浪潮遗迹的矿坑国家公园等，很多最初都是传统的自然景观保护区，或是重点物种保护区以及科学生态区，后来因为文化认同、文化景观意义的加深，衍生出游憩、教育、文化等多种功能。

英国1949年颁布《国家公园和乡村土地使用法案》，将具有代表性风景或动植物群落的地区划分为国家公园时，曾有这样的认识："几百年来，英国乡村为我们揭示了天堂可能有的样子……英格兰的乡村不但是地区的珍宝之一，也是我们国家身份的重要组成。"国家公园就像天然的博物馆，展示出最富魅力的英国自然景观和人文特色。在新大陆上，美国和加拿大的国家公园，其文化意义更不待言，在摆脱对欧洲文化之依附、克服立国根基粗劣自卑这一方面，几乎起到了决定性的力量。从某种程度上来说，当地对国家公园的文化需求，甚至超过环境需求——寻求独特的民族身份，是隐含在景观保护后面最原始的推动力。

再者，诸如保护土著文化、支持环境教育与娱乐、保护相关地域重要景观等方面，国家公园都当仁不让地成为自然和文化兼容的科研、教育、娱乐、保护的综合基地。在不算太长的发展历程中，国家公园寻求着适合本国发展的途径和模式，但无论是自然景观为主还是人文景观为主的国家公园均有这样的共同点：唯有自然与文化紧密结合，才能可持续发展。

具体到中国的国家公园体制建设，同样是我国自然与文化遗产资源管理模式的重大改革，事关中国的生态文明建设大局。尽管中国的国家公园起步不久，但相关的文学书写、文化研究、科普出版，也应该同时起步。本丛书是《自然书馆》大系之第一种，作为一个关于中国国家公园的新概念读本，以10个国家公园体制试点为基点，努力挖掘、梳理具有典型性和代表性的相关区域的自然与文化。12位作者用丰富的历史资料、清晰珍贵的图像、深入的思考与探查、各具特点的叙述方式，向读者生动展现了10个中国国家公园的根脉、深境与未来。

## 二

地理学家段义孚曾敏锐地指出，从本源的意义上来讲，风景或环境的内在，本就是文化的建构。因为风景与环境呈现出人与自然（地理）关系的种种形态，即使再荒远的野地，也是人性深处的映射，沙漠、雨林，甚至天空、狂风暴雨，无不在显示、映现、投射着人的活动和欲望，人的思想与社会关系。比如，人类本性之中，也有“孤独和蔓生的荒野”；人们也经常会用“幽林”“苦寒”“崇山”“惊雷”“幽冥未知”之类结合情感暗示的词汇来描绘自然。

因此，国家公园不仅是“荒野”，也不仅是自然荒野的庇护者，而是一种“赋予了意义的自然”。它的背后，是一种较之自然荒野更宽广、更深沉、更能够回应某些人性深层需求的情感。很多国家公园所处区域的地方性知识体系，也正是基于对自然的理性和深厚情感而生成的，是良性本土文化、民间认知的重要载体。我们据此确立了本丛书的编写原则，那就是：“一个国家公园微观的自然、历史、人文空间，以及对此空间个性化的文学建构与思想感知。”也是在这个意义上，我们鼓励作者的自主方向、个性化发挥，尊重创新特性和创作规律，不求面面俱到和过于刻意规范。

约翰·赖特早在20世纪初期就曾说过，对地缘的认知常常伴随着主体想象的编织，地理的表征受到主体偏好与选择的影响，从而呈现着书写者主观的丰富幻想，即以自然文学的特性而论，那就是既有相应的高度、胸怀和宏大视野，又要目光向下，西方博物学领域的专家学者，笔下也多是动物、植物、农民、牧民、土地、生灵等，是经由探查和吟咏而生成的自然观览文本。

所以，在写作文风上，鉴于国家公园与以往的自然保护区等模式不同，我们倡导一种与此相应的、田野笔记加博物学的研究方式和书写方式，观察、研究与思考国家公园里的野生动物、珍稀植物，在国家公园区域内发生的现实与历史的事件，以及具有地理学、考古学、历史学、民族学、人类学和其他学术价值的一切。

我们在集体讨论中，也明确了应当采取行走笔记的叙述方式，超越闭门造车式的书斋学术，同时也认为，可以用较大的篇幅，去挖掘描绘每个国家公园所在地区的田野、土地、历史、物候、农事、游猎与征战，这些均指向背后美学性的观察与书写主体，加上富有趣味的叙述风格，可使本丛书避免晦涩和粗浅的同类亚学术著作的通病，用不同的艺术手法，从不同方面展示中国国家公园建设的文化生态和景观。

## 三

我们不追求宏大的叙事风格，而是尽量通过区域的、个案的、具体事件的研究与创作，表达出个性化的感知与思想。法国著名文学批评家布朗肖指出，一位好的写作者，应当“体验深度的生存空间，在文学空间的体验中沉入生存的渊薮之中，展示生存空间的幽深境界”。从某种意义上来说，本书系的写作，已不仅关乎国家公园的写作，更成为一系列地域认知与生命情境的表征。有关国家公园的行走、考察、论述、演绎，因事件、风景、体验、信念、行动所体现的叙述情境，如是等等，都未做过多的限定，以期博采众长、兼收并蓄，使地理空间得以与“诗意栖居”产生更为紧密的关联。

现在，我们把这些弥足珍贵的探索和思考，用丛书出版的形式呈现，是一件有益当今、惠及后世的文化建设工作，也是十分必要和及时的。“国家公园”正在日益成为一门具有知识交叉性、系统性、整体性的学问，目前在国内，相关的著作极少，在研究深度上，在可读性上，基本上处于一个初期阶段，有待进一步拓展和增强。我们进行了一些基础性的工作，也许只能算作是一些小小的“点”，但“面”的工作总是从“点”开始的，因而，这套丛书的出版，某种意义上就具有开拓性。

“自然更像是接近寺庙的一棵孤立别致的树木或是小松柏，而非整个森林，当然更不可能是厚密和生长紊乱的热带丛林。”（段义孚）

我们这一套丛书，是方兴未艾的国家公园建设事业中一丛别致的小小的剪影。比较自信的一点是，在不断校正编写思路的写作过程中，对于国家公园自然与文化景观的书写与再现，不是被动的守恒过程，而是意义的重新生成。因为“历史变化就是系统内固定元素之间逐渐的重新组合和重新排列：没有任何事物消失，它们仅仅由于改变了与其他元素的关系而改变了形状”（特雷·伊格尔顿《二十世纪西方文学理论》）。相信我们的写作，提供了某种美学与视觉期待的模式，将历史与现实的内容变得更加清晰，同时也强化了“国家公园”中某些本真性的因素。

丛书既有每个国家公园的个性，又有着自然写作的共性，每部作品直观、赏心悦目地展示一个国家公园的整体性、多样性和博大精深的形态，各自的风格、要素、源流及精神形态尽在其中。整套丛书合在一起，能初步展示中国国家公园的多重魅力，中国山泽川流的精魂，生灵世界的勃勃生机，可使人在尺幅之间，详览中国国家公园之精要。期待这套丛书能够成为中国国家公园一幅别致的文化地图，同时能在新的起点上，起到特定的文化传播与承前启后的作用。

是为序。

刘东黎<br>2021 年 6 月

# 目录

问源
钱江源

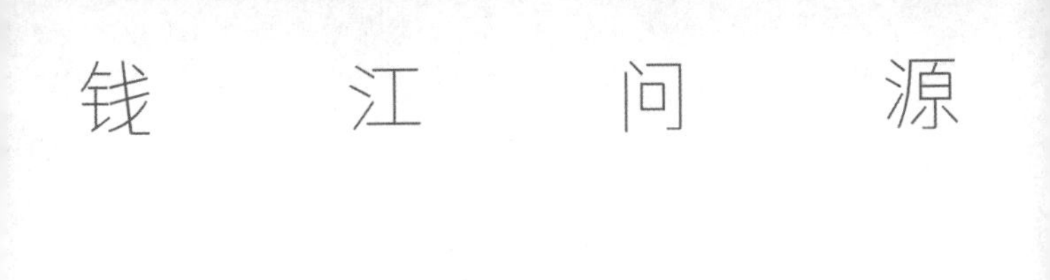
钱 江 问 源

# 问源

沿潮湿的石阶向上，除却满眼或飘摇或静止的阔叶，我还时时听见淙淙、涓涓、潺潺、汩汩的水声。石头和岩缝里并不见流水的踪影，但我知道它们在汇聚，从空中，从云端，从悬崖，从众树枝头，从落叶和草丛，从浩繁岩层，从黑暗地底，在朝一个方向流动、汇聚。

这是农历辛丑年，立春日，太阳在某个时分到达黄经315度。东风解冻，蛰虫始振，草木之气始至。我站在北纬30度，海拔1136.8米的莲花山上，竖起耳朵，长时间地倾听。所有遥远的光，都被我一一听见。

海拔一千多米的莲花山，在江南广阔丘陵中此起彼伏。它是八亿年前的大地的隆起，不比众山更高，也不更险，却与众不同。八亿年前，沉静的江南古陆在某一日上升，扭动，弯曲，完成了它的造山带。莲花山上的莲花尖，是巨大运动的最后一瞬，山顶巨石劈裂若莲花怒绽。

一座山因此得名。一条江，自此而发源。

与长江、澜沧江源起的山脉相比，钱塘江源起的莲花山只能用矮和小来形容，海拔千米，抬头即可见顶峰，而不像四五千米的高耸，在云的高度，在光的高度，须仰望才见。诗人于坚从青海省的杂多县到莫云乡，再到澜沧江源头，用了三天时间。最后的十几米，海拔4875米，呼吸困难，只可以小步向前挪动，咫尺之远，却要用尽一生才能到达——那是普通人永远去不到的，需要以命方能抵达的源头。

莲花山位于浙江开化县境内。江南繁华之地，陆路畅通，水路相连，可乘车，乘船，也可徒步，是一座随时可去、几个时辰就可到达的山。清代姚夔的《饮和堂集》记载了当年钱江源头的杉木作为皇木被采伐运往京城的历程：杉木从莲花塘出发，经马金溪、常山港、衢江，入钱塘江，抵杭州，沿京杭大运河逆流而上，过苏州，常州，扬州，徐州，临清，天津，最后到达北京，再入通惠河，抵故宫，成为皇宫栋梁。钱江源景区大门的宣传牌清晰地展示了此路线图，表示流水的线条，从莲花塘始，由细渐粗，斗折蛇行，通达北京。我用手机拍下，发给京城的朋友。朋友回复说仔细看了，有点激动，原来从北京出发，顺流而下，竟可达钱塘江源头啊。

莲花湖（李益华 摄）

在交通异常发达的今天，到达钱塘江的源头，的确不是很困难的事，乘飞机从北京大兴机场到衢州，两个多小时，再乘车前往开化齐溪镇，一个多小时，从山脚爬上莲花山，六十分钟。六十分钟不过三千六百秒。立春的光，刚好从一棵木荷树的树冠移到另一棵豹皮樟树的树冠。在我蹲下身系鞋带的瞬间，有什么正从豹皮樟树上移到我身上。

站在莲花山上，我发现自己来得有些迟了。这里的山已是山的样子，水也有了水的形状。山上的植被已在这里长了八亿年。八亿年的时间，落叶、根系、苔藓、鸟粪，足以覆盖大地的伤口。断崖和裂层，已经看不出伤痕和疼痛，锋利被风抚平，被流水涤荡。涧中石头光滑如史前巨蛋。鸟类、兽类、鱼类已划分好领地，人类也早已开辟并走上文明的路径，源头碑立在该立的地方，鲜艳的“钱江源”赫然镌刻在一块巨石上，仿佛世界的心脏矗立在那里。往上走，是卧牛听经、探源亭、抱松亭，是源头第一泉，万物已经得到命名，并各居其所——莲花溪已叫莲花溪，钱塘江已成了钱塘江。大地被完成时的洪荒已了无证据。

在我的意念里，沿莲花溪水往上，一定能走到钱江源。那该是一座山最高的地方，尖耸的峰顶，人迹罕至，鸟兽罕至，只有天庭的光，照耀着一线奇迹般的流水。流水从天上来，和光一起，顺着树木的纹理和山岩的走势流下，顺着铃兰花和羊齿叶的芬芳流下来。去往钱江源时，我是做好了心理准备的。我以为抵达一条大河的源头，纵然不要粉身碎骨，总

钱江源头（余问清 摄）

少不了踏破铁鞋。山虽不高，但见陡峭，林深而茂密，须原始人一样披荆斩棘，跨越沟涧，攀爬悬崖。须轻装，穿芒鞋，持一颗虔诚心。事实上，上山的路远没有想象中艰难，代表文明的石阶自山脚而上，随海拔向高处延伸。所有树木的枝条也努力向上。是的，往高处走，是人类深受水患之苦后的逃离，更是人的处世经验，沿山势向上生长，也是物竞天择的血泪教训。山有多高，它们就能出神入化地长到多高的地方去。江南的山，聚集了江南的绿意与灵秀，氤氲与地气，即便一片坚硬岩石，也布满了蓬勃的藤蔓和地衣，不似北方的山，荒蛮，荒凉，让人怀疑洪荒时代还一直滞留在人间。

在春天寻找一条江的源头，的确是一件神

圣的事。一条江河的源头，在世界之外，在杂念之外，她当有一副纯净而圣洁的面容，我因此把上山的每一步都当朝圣。我走得慢，落步也轻。陪同的三个充满孩子气的85、90后，小何是开化人，在钱江源国家公园管理局工作，曾借调北京工作两年。他从干燥晴朗的北京回到开化，老远就嗅到了家乡的气息，那是一种混杂着雨水、草木、月光和稻谷的气息，这应该也是小何生命里的气息，你从他身上也能闻得到的。小何在北京没有让自己身体里的这种气息干枯掉——他保持了自己，如同一条河流不曾忘记自己的源头。小何说，在他们当地，把吃早饭叫吃晨光，吃晚饭叫吃黄昏。这样的方言，听起来如同诗一样迷离。另外两人可能是景区工作人员，也可能是护水员或护林员，我没有问他们的身份和名字。人回到大自然，身份和名字毫无用处，草木不吃这一套。他们从另一个方向开车过来，车是越野车，又新又干净，像他们一样。上山的时候，他们小鹿一样跳跃着，身形隐入山林，和春天一样青葱——也只有他们能跟上春天的步伐，我跟在他们后面，仿佛在去往年轻的路上，被他们蓬勃的力量拽着，扯着，如踩祥云，越走越轻盈。

两个年轻人显然不是第一次带人上山。山上木秀峰险，对他们都是平常风景。他们也不善解说，如同自然本身，你只要用眼睛去看，用心去体会，就够了，哪里还要什么解说。词语在这里太有限，太局限，而自然的美才是无限的、是广阔的、无法用语言定义的。除了小何外的两个年轻人，一个个子高点儿，头发蓬松，像身边的马尾松。另一个不那么高的就是虎皮楠了，额头上落着零碎的阳光和树影，隐隐有了老虎灿烂的斑纹。这感觉像一个人回到山林，不经意地显现出了原形。坐在亭子里歇气的时候，小何问他们是不是常爬莲花山。回答说不怎么经常。附近的山经常爬吗？他们说，伞老尖，高楼尖，几乎爬遍了。他们的脚上穿着适合爬山的野地靴，看上去野性而充满力量。这样的一双脚，踏在未曾有人踏足过的古老山林，会让人想起那双第一次踏上月球的脚。意义差不多一样重大吧。

伞老尖、高楼尖和莲花尖，还有其他众多的山，一起组成了莽莽的白际山脉。白际山脉处在北纬30°的地理位置上。北纬30°，是一条神奇的纬线，这根环绕地球的线，穿过了地球上最高的珠穆朗玛峰和最低的海——死海。它经过白际山脉的时候，也必定会留下点什么。比如，浙江母亲河钱塘江的发源地。作为覆盖32个市县、流域面积占全省总面积五分之二的浙江第一大河，钱塘江支流众多，水系庞大，它的源头究竟在哪里，就有了众说纷纭的争论，也有了不止一次的改动，有新安江源头说、两江源头说、衢江源头说，等等。

最早提出钱塘江源头的，是《山海经·海内东经》:“浙江出三天子都，在其蛮东，在闽西北，入海余暨南。”三天子都是古代山名，有考证可能是黄山、率山、三王山，均在古徽州范围内，这实际上已经将新安江当作了钱塘江正源。古代出于勘探技术的有限，《山海经》之后的文献都继承了这一说法。《汉书·地理志》说钱塘江“水出丹阳县南蛮中”，《后汉书·地理志》又提出“浙江出歙县”。北魏地理学家郦道元在《水经注》里也肯定了《汉书》的说法。唐《元和郡县志》、北宋《太平寰宇记》、南宋《淳熙新安志》、明《大明一统志》，以及清《嘉庆重修一统志》等书，均以新安江为钱塘江正源。

一条河流的源头确定按长度，应该以“河源唯长”来参照，按径流量，则以“流量唯大”来确定，按流向以“与主流方向一致”为导向。随着地理视野的扩大，人们发现兰江上游的衢江流域面积更广，流量远远超过了新安江，于是有了把新安江作为北源，衢江作为南源的“两源”说。衢江作为钱塘江南源，到达古城衢州时已经完成了上游的文化集结。衢江离开衢州，往东北方向流淌，约七十里，到龙游；继八十里，到兰溪；在兰溪汇入婺江后改称兰江，北折偏东，昂然而上。与此同时，新安江由西北过淳安、建德，蜿蜒而下。钱塘江南北二源，穿山越岭，遥相呼应，彼此的前锋越来越近，最后殊途同归。一条大江，双剑合璧，自此，被称作钱塘江。

钱塘江南北两源的说法在1929年被否定，彼时更现代化的勘探技术进入中国，水利方面有了飞跃的进步，地理学家们经过实地考察，排除了钱塘江两源的说法，认定衢江为钱塘江上游，从此衢江为钱塘江正源一说开始流行，且影响力越来越大。

衢江，古称信安溪，信安江，溯源往上，

是马金溪；马金溪往上，是莲花溪，莲花溪出自莲花山。1929年的勘探，给出了钱塘江源头在莲花山的结论。1956年，电力工业部上海水力发电设计院和浙江省水利厅勘测设计院联合组织的钱塘江查勘队，重新对钱塘江流域的水利土地资源进行查勘，再次确定其发源于“浙江西南开化县境内浙、皖、赣三省交界之莲花尖”。

寻路钱江源的途中，往右的山径斗折蛇行游向密林，通往三省界碑，几乎被苔藓和落叶淹没，鲜有人迹。从图片上看，三省界碑的三面，分别指向浙江省开化县、安徽省休宁县和江西省婺源县三个方向。界碑上的浙江、安徽、江西和国务院、年月日等字，经年累月，有了苔痕和雨水的印痕。站在三省界碑处，有一脚踏三省之说。面朝不同方向，看见不同的省份。朝向江西的那一面，可以遥遥望见一座小村庄，据说就是婺源了，白墙黛瓦，有世外的宁静。

三省的界限其实并不那么分明，村庄与村庄之间阡陌相通，鸡犬相闻，道路交错。流水从这个省出发，流入另一个省的领地，拐一个弯，再流回原来的省份，就像一个人，出门游荡了一圈儿。飞鸟更是来去自由，在这个省的林中筑巢，去另外两省的林中觅食。兽类则嗅着风向，道阻且长地去往邻省的地界寻找属于它们的爱情。至于现代人必备的手机，三个省份用的都是浙江移动的信号。显然，浙江移动已经覆盖了附近的大地，“漫游”一词在这里被具象呈现。巡山的护林员和护河员也经常跨界，飘然间就到了邻省。这省的山林着火，那省绝不会观望。一座山，有整体的生命，地底下根系连着根系，水脉连着水脉，更深处，岩浆贯通着岩浆。人类在表面划一道虚拟线，却不能将它真正划分开来。

从岔路走到三省界碑，要一个多小时。跟走到莲花塘的距离差不多。我在岔路口犹豫了几分钟，还是坚定了先往莲花塘去的信念——大地上的流水，往往有一种超乎寻常的神秘吸引力。

回到通往钱塘江源头的路上，就又回到了关于钱塘江源头的问题。钱塘江支流众多，水系庞大，源头究竟在哪里，多年争论不止。尤其最近几十年，钱塘江源头不断被确定，又不断被否定。1980年，《浙江日报》的几位记者和一些学者组织了浙皖赣边境的江源勘查，得出结论：钱塘江源头应在安徽休宁县。浙江省科学技术学会为了证实新安江源头说，又组织专家进行了数十次实地考察。由于受“河源唯长”说法的约束，勘查的结果，再次回到早先的结论，重又把新安江定为钱塘江正源。该结论得到《人民日报》的认可，当年的《辞海》也把钱塘江正源变回了新安江。争论的两个源头不过是同一脉山地的南北分流。有时仅隔一道山岭，彼此听见对方的呼吸。在大地上各自绕了一大圈之后，两条河流被彼此发出的某种力量所吸引，越来越靠近，最后握手言欢，交汇，合体，浩荡向前，再不回头。

1999年，专家根据多次考察的数据，对钱塘江的河流长度、流域面积、出境水流量三个指标进行综合论证，认为衢江虽略短于新安

墨池交响曲（周建云 摄）

江，但流域面积和径流量大大超过了新安江，且干流处于钱塘江整个流域的中轴，从而使整个水系呈完美的羽状对称分布。最终认定衢江上游为钱塘江的正源。1999年11月11日，新华社发布专稿，向全国通告“源自莲花尖的莲花溪，源自龙田乡境内的龙溪，都在浙江省开化县齐溪镇汇聚成河。齐溪镇的得名也由此而来。因此钱塘江的源头应该在开化县的齐溪镇境内”。钱塘江源头自此定音。

现在，我正沿莲花溪往上。大多时候，莲花溪在我右边，这个季节，水流不大，清清白白地在山涧流淌，绕过大石和小石。有落差的地方，从悬崖跌落，变成命悬一线的瀑布。大大小小的潭水，隔一段就有一个，瞪着碧绿的眼睛，对天空发呆，表情有些茫然。这种茫然表现在潭水的不可见底。不可见底不是水质不好，是水中倒映着草木，被染成了碧绿，有翡翠般厚重地透明。

往上走，流水越细。我感觉自己离源头已经越来越近。

令我惊讶的是，一个拐弯后，流水竟突然不见了踪迹，只有澄明的阳光在四周流泻。地势在此已渐趋平坦，树木森然林立，风从林中呼啸而过，仿佛有另一条溪水在空中喧响。风过之后，世界寂静，星球静止。我竖起耳朵，隐约听见有声音自某个地方传出，如金石之声，金属之声。听了许久，猛然醒悟过来，这声音原来是发自地底的，仿佛有古老的乐器在地层深处敲打，叮叮咚咚，嘈嘈切切。惊讶了片刻，我跪下身去，膝盖触到地面厚厚的松针，有羊毛地毯的柔软。用手扒开枯落物，就看见了树木粗大的根系，这些根系仿佛是连接地底的传导管。俯下身，将耳朵贴紧树根，可以听见地底流水的声音。这里，那里，处处。细细的，弱弱的，脉脉的，一滴一滴，一丝一丝，一股一股，在往一个方向汇聚。在没有光亮的地方，它们的汇聚就是光亮。我仿佛听见了母腹里的声音。这声音就是伟大的召唤，有一股强大的力，把我吸往一个神秘的地方，我正在回到少年，回到婴儿，回到胚胎和萌芽。仿佛我来到莲花山，不是寻找，而是返回——沿着流水的脐带，返回世界的原初。

什么鸟在头顶叫了一声，把我从遥远的地方拉回来。三个年轻人已不见踪影，好像他们是被一阵风吹走了，喊一声，回答我的只有一朵云，一只鸟，一棵树，甚或脚边的一块石头。要从中找出他们的身影并不容易，眼前只有一条落满松针的路，斜着身子，穿过一片松树林，之后呈现出下坡的趋势。沿路往前走，松树林外突然开阔起来，一片芒草，芒花已飘零，只有枯黄的叶子，被风吹得沙沙响。一只带横纹的长尾巴鸟在前方欢快地飞翔，一直把我引到了莲花塘，然后一晃不见，像收鞭而去。

莲花塘竟然只是一口不大的浅水塘！因为水太浅，塘底一部分裸露见底，有水的另一部分，也浅可见底，不是想象中的又大又亮，或者像上山途中经过的水潭，聚着一汪碧绿的水，你很难把这个水塘和浩荡的钱塘江联系在一起。小何说，现在是枯水期，春天的雨还没

水光潋滟（徐良怀 摄）

有到来。不过，就算枯水期，塘里的水也不会完全干涸——钱江源的水源，从来没有出现过断流的情况。

钱江源不断流，算不上多么伟大奇迹。大地上的奇迹太多了。有很多是人类的认知无法解释的。但钱江源不断流，多少也是一件值得认真追究和探明的事。一条江河源头的形成不会是单一的，有地理因素、气候因素，也有地质因素、植被因素、人类的因素。莲花塘地表的集雨面积为一平方公里左右，整个源头的年降雨量大约是200万立方米。但从莲花塘流出来的水年流量达400多万立方米。这多出来的水量来自何处？浙江大学环境与资源学院的王深法教授做出了这样的回答：钱江源所处的丘陵地带富含地下水，这些地下才是钱塘江真正的源头。莲花山的形成是晋宁时期花岗岩侵入引起的，后来在新构造运动中强烈抬升而断裂，上覆地层遭到剥蚀，莲花塘成为侵蚀下陷之地，形成被四周山峰所包围的树枝状侵蚀洼地，积水成湖，年长日久，湖内大量泥沙淤积，水草丛生，最后演变成了目前松软的亚高山草甸。这种草甸土壤涵养水分的能力极强，干旱季节仍有泉水源源流出。

站在莲花塘边，并不能看见有流水沿着树枝状的小沟，从四面八方流入莲花塘中。但空气中潮湿的水汽让我感觉到，它们正在用某种方式朝莲花塘渗入。这种穿透力极强的渗入，使得即便是干旱年间，莲花塘里的水也从来没有干过。所以你可以说，这里的每一块石头、每一片树叶、每一粒泥土、甚至每一声鸟鸣，都是钱塘江的源头。

莲花塘水从不干涸，除了气候，水土等因素，也许还有着另一个原因：莲花塘中，立着一尊观音菩萨。观音菩萨是素净的石头原色，经过朝云暮雨、四季烟岚的浸染，石头有了与周围事物和谐一致的色调。观音菩萨脚踩莲花，莲花长满青绿的青苔。说明莲花在呼吸，它活着，有自己的生命。观音菩萨手中的净瓶，瓶口朝下，一年里的很多时候，瓶中都会有水，一滴一滴，滴入莲花塘。仿佛钱塘江的水源来自观音菩萨手中的净瓶。在民间，这种源头说并不显得荒谬，钱塘江始于一尊菩萨，它的流水一路带着神性的光芒与启示，在阳光下白茫茫地流淌。河流两岸，人们种植，收割，祭祀。河水流去了，他们留下来繁衍，创造出文明。大地上的一切依赖水来滋养，水是生命之源。民间信仰关于钱塘江源头说不一定非要科学来解释。民间的源头与生命有关，与神灵有关，与数据和证据无关，与科学无关。他们认为莲花塘里的水是观音菩萨送来的，那就是观音菩萨送来的好了。这样的说法应该始自古代：北宋时，此地建有莲花庵，莲花庵旁边环绕着七口塘作为放生池——那时海拔一千多米的山如果没有神灵存在，那就意味着这里还是荒蛮之地，生活着一群混沌的人。有神灵驻守，香火不断，才是文明的表现。古代最早的文明应该始自对神灵的敬畏和信仰，人们把大地上的很多事物都视为神，山可以是神，树可以是神，一块石头可以是神，奇异的天光可以是神，水可以是神。神文化构成了古文化的重要部分。钱塘江潮水的起因也与古文化中的传说有关：莲花庵中的观音有一日去参加王母娘娘的寿辰，贪玩的童子忘记了给正在修炼的小白龙喂食，小白龙饿急了，翻腾打滚，跳将出来，顺着水游到了东海里。之后小白龙每年都要从东海回来看看，这样才有了钱塘江大潮。

我曾去看过钱塘潮，气势磅礴的大潮在天地之间轰轰隆隆，确像有一条龙在翻滚。这条龙最后有没有回到莲花塘，没有人看见过。莲花庵在清朝末年荒废。那时西方科学已经进入中国，现代文明和传统文明相互冲突，对神的信仰变得不再那么重要，莲花庵的荒废在所难免，放生池最后演变成沼泽，回到大地原来的样子，长满苇草和菖蒲，栖息着龟蛇和蛙类。直到20世纪80年代，才修复了七塘之一的莲花塘，就是我眼前看见的这口塘。塘里的水分东西两路，沿山势向下流淌，在某一处合并为莲花溪，再向下，是马金溪。在那里，流水是刚刚步入世界的样子，带着入世的清纯、清澈和清凉。

站在莲花塘，我想起钱塘江的入海口。那里水天一色，浩渺无垠，是百川东到海的壮阔。没有人会想到它的源头，一尊菩萨护佑着水源的洁净和永恒，护佑着一条大江在江南大地上近千里的滔滔滚滚和最终的奔流到海。

问源

钱江源

# 古田山一日

开化县城西北三十公里。古田山。保护完好的中亚热带常绿阔叶林原始森林中，一棵倒下的巨树挡住了我的去路。

我在巨树前站了三分钟，除了“巨”，我找不到更合适的词来形容它。粗大的树干横陈峡谷，要越过显然不是一件易事。树干躺着的高度，及腰，抬腿跨过显然是奢望。目测了一下我和树干的高度差，估计得手脚并用，先爬上树干，再猴子一样跳跃下去。或者拍拍翅膀，鸟一样飞过去。在城市里生活太久，我早已没有了这些本领。这种失去，是进化还是退化？森林中倒下的树木，多是2008年雨雪冰冻天气时“雪压木”造成，也有连续大雨和山体滑坡导致。还有一些源于大树倒下时造成的“二次伤害”。自然死去的树木，一般是松树等先锋树种，它们在优势树种的不断竞争下，无法汲取足够的阳光，渐渐自然死亡。森林是真正的自然，物竞天择是法则，也是永恒的伦理。

我不知道巨树在森林中生长了多少年，它的年轮藏在身体里，它的树干实在太长了，如果还站立着，可以用参天来形容。我感觉挡住我的是一只庞大的恐龙。地球上可以用庞大来形容的还有鲸，倒下的巨树让我想到沉落海底的鲸落。当鲸鱼在海洋中死去，鲸尸会被鲨鱼、盲鳗、深海蟹等成千上万的海洋生物分食，等被啃吃得差不多了，无脊椎动物会依靠剩下的营养来生存，厌氧细菌会出现在这里补充能量，鲸鱼尸体中的有机物质消耗殆尽，上面长出珊瑚礁，成为珊瑚的寄生地。在海洋中，至少有43个种类2490个生物体依靠鲸落生存，一具鲸鱼尸体可以供养一套以分解者为主的循环系统长达百年，这就是所谓的“一鲸落，万物生”。

巨树倒下应该有些年了，树身裂开的地方，长出一棵一尺多高的香果树，一棵拇指粗细的野含笑，几棵草一样小的野红豆杉树苗。肯定有一只鸟在这根巨大的树干上停留过，拉下的鸟粪中带来了这些树苗的种子。当然，也有可能是种子自己想办法找到了这棵巨树，通过风、动物皮毛、飞鸟、蚁类的搬运来到这里，把腐朽的树身当作土壤，开始了生长。我察看树干，树干上长着许多我不认识的植物，仿佛一个斑斓的植物园。陈声文看了一眼，报出附生上面植物的名字：肾蕨、狼衣、长唇羊

古田旭日（段刚强 摄）

耳蒜、延龄草、蕙兰、斑叶兰、金丝草。苔藓就有十几种，还有一些茄科、蓼科、茜草科植物。陈声文是钱江源国家公园专职科研管理人员，园林专业出身，已在森林里待了三十多年，山上90%以上的植物，他只要看一眼，就能辨出该植物的种、属、科。陈声文认识的植物比认识的人多，对古田山的古树名木了如指掌：元杉相传为朱元璋亲手种植，唐柏有一千一百多年，比六百多年的苏庄银杏老很多，吴越古樟树冠大如云团，下雨的时候，像一朵湿淋淋的西兰花。和植物打交道久了，这个有植物一样内敛表情的中年男人，越来越像植物，喜欢站在阳光下，不喜欢说话。

巨树的树干下面有一不大的洞，大概是某个小兽的窝，借巨树遮挡，既安全又隐秘。沿着树干向上，分布着几个更小的孔洞，看上去刚好容一条蛇爬进去。树干上的小孔可能是蚁类和蜂类的巢。死掉的巨树如同鲸落，也是一个生态系统，生与死以同样丰富的面貌在枯树上展开，在上百年甚至更久的时间里，巨树是植物、真菌、细菌及小动物、小爬虫、小昆虫们的居所，大自然的智慧彰显了整个世界的智慧，我在古田山森林中看见了一棵树浪漫的重生，看见了自然界庞大而温柔的奇迹。

这一天，是春天的第二个节气雨水，太阳到达黄经330度。自这一天开始，万物“润之以风雨”。一候獭祭鱼，二候鸿雁来，三候草木萌动。大地上的草木将随着阳气的上腾开始抽出嫩芽。“病树前头万木春”，站在巨树前，我听见金钱松、榧树、南方红豆杉、南紫薇、大叶榉树、杜仲、密花梭罗、红椿、华西枫杨、长序榆、稀花槭抽出嫩芽的声音，听见祁阳细辛、萍蓬草、短萼黄连、八角莲、箭叶淫羊藿、鹅掌楸、黄山木兰、厚朴、野含笑、三叶崖爬藤抽出嫩芽的声音，听见紫茎、茱萸、五加、天目地黄、白及、小叶猕猴桃、多花兰、蕙兰、小花蝴蝶兰、春兰、野大豆、薏苡抽出嫩芽的声音。这些世界上的珍稀濒危植物，在春天的古田山原始森林中，集体抽出嫩芽，开始了蓬勃生长。

古田山是钱江源国家公园体制试点区的重要组成部分，它和钱塘江的发源地莲花山相距不远，均属于白际山脉，白际山脉跨皖浙两省，进入开化段后，山脉呈东北—西南走向，北接天目山脉，南连怀玉山脉。夏季，从太平

古田山瀑布（李益华 摄）

洋吹来的暖湿气流经过白际山脉和怀玉山脉，被群山阻挡，形成降雨落在山地迎风坡。冬季，高空西风带南北两支急流在上空辐合，形成比较稳定的切变线，在地面出现比较持久的华南准静止锋，气旋过境频繁，云雨天气繁密。形成了夏季潮热，冬季温暖，四季分明，雨量充沛的中国东南部低海拔中亚热带常绿阔叶林生长的黄金气候。1973年，杭州大学生物系教授诸葛阳来开化考察，无意中发现了藏在古田山深处的原始森林。这片未曾被人类过分打扰的森林，保持了生态系统的原真性和完整性，涵盖了中亚热带常绿阔叶林、常绿落叶阔叶混交林、针叶林、亚高山湿地等五种原始森林生态系统。植物区系成分以华东植物区系为主，兼具南北特点，是联系华南到华北植物的重要过渡带，兼有华南成分及北温带成分、日本植物成分、东北亚植物成分、印度—马来西亚植物成分、大洋洲植物成分和泛热带成分。教授激动不已，写信呼吁省里要把这片森林保护起来。教授的呼吁很快得到了响应，这里设立了禁伐区，后来又建立起自然保护区。五十年过去，森林再未受刀斧打扰，树木安然生长。五十年，足以让一棵幼苗长成参天大树。对一个人来说，五十年是大半生，人类用大半生的时间守护一片森林，现在这片全球稀有的低海拔常绿阔叶林，成了众多物种的“基因保护地”。生命以本来面目在这里繁衍生长，2244种高等植物，让这里长成了长三角的植物秘境。这里的香果树、野含笑、南紫薇三大珍稀古树群落，数量之多，分布之集中，世所罕见。这些珍稀植物，是大自然对古田山的赐予。白颈长尾雉和黑麂属中国特有的世界珍稀濒危物种，在古田山有大量栖息。国家二级保护野生动物亚洲黑熊、中华鬣羚、仙八色鸫的天堂也在古田山。站在这片弥漫着中亚热带常绿阔叶林独有气息的原始森林中，我闻见了早春半明半昧的气味，和来自某个方向雨水的气味。雨水正在大气层中酝酿，棉花样的云朵被南风吹送而来，湿湿的，软软的，低悬在森林上空。大群的候鸟正在返回的途中，翅膀奋力飞越冰川、大洋、山谷、云层，从地球的另外半边朝这里飞来。冬眠的动物还在人类不可见的地方做梦，森林中呈现出超人间的安宁和寂静，那是森林自体的静，是太古的静，不被人的到来所打扰。树身长出的木耳集体竖着耳朵，它们的表情有点惊讶，像是听到了我听不到的声音。在日常，除了科研者，这片原始森林基本无人进入。从巨大的树木和蟒蛇一样盘绕的藤蔓中穿过，从形状奇特的巨石下穿过，我想起亿万斯年前的地球，这些巨石怎样突然从动态变成了静态——这种感觉不是凭空而来，古田山的山体主要由火山喷发后变质而成的花岗岩构成，火山喷发，岩浆遇冷凝固的瞬间，便定型了今天的样子。漫长的时间之后，肥沃的火山灰中，长出树木，长成森林。在这片散发着远古气息的森林中，我所看见的山石依旧混沌未分，巨大的岩石或蹲或伏，或卧或兀立，像被施了定身术的群兽，在某个时刻突然停顿，保持着原来的样子，直到到这一刻，被走进森林的我看见。我不敢发出任何声响，

古田山内的泉水叮咚（邹水根 摄）

我担心困在石头里的生命被惊醒，扭头摆尾，发出让大地震颤的咆哮。

森林作为它自己，永恒地呈现着。人类站在这里，会生出渺小和自卑，感受到某种巨大的震撼和无形的敬畏。森林里神灵无所不在，有些树木横斜着生长，看似要倒下，但就是不倒，树干遒劲，透出金属的光泽，仿佛化石。我经过之后，它们将继续横斜着，几百年上千年地生长下去。我抬起的脚不敢随意踩上小草，它们已在这山中活过百年甚或更久，有了灵性。我不敢随意挪动一块石头，石头外表质蠢，不开窍，不明事理，但它们沐浴阳光和雨水，吸收了天地精华，实已通灵。岩缝里住着小兽，有毛茸茸的尾巴，狭长的眼睛。也有冬眠的蛇，柔软地盘成一团。我怕惊扰了它们的修炼。我也不敢伸出手去叩击一棵树木，我相信每一棵参天古木里都住着一个神，陡坡上一棵合抱粗的檀树，长出一个歪脖子的树疙瘩，树疙瘩有凸出的脑门，凹陷的树洞像两只悲悯的眼睛，树皮的纹理似衣袍层叠的褶皱，我想起根宫佛国里的根雕佛像，几千尊佛像皆用巨大的树根雕成。神态和造型全由着原来的形状和纹理，就好像树木里原本就住着一个神，要一刀一刀地雕刻，才能显形出来，被我们的肉眼看见。这棵檀树却不用雕刻，树木里的神天然地就呈现出来。站在大树前，我有颤立佛前的虔诚和敬畏。小时候看《天仙配》，电影里的老槐树开口说话，给董永做媒，从那时起我就相信所有老树里都住着神灵。这个执念在古田山得到了证实。这里的亚热带常绿阔叶林中有起源古老的孑遗植物，孑遗植物本身就是神。

古田山亚热带常绿阔叶林是典型的甜槠—木荷林，乔木层多为壳斗科的常绿树种，树龄超过百年的野含笑，每年五六月开花，森林中尽是此花浓郁的香气。“南方花木之美者，莫若含笑，绿叶素容，其香郁然。”这是宋朝宰相李纲的《含笑花赋》的描述。“莫若含笑”几个字，写出了含笑开放时的形态，不是张开嘴的大笑，是微微含着的笑，只吐露出一点点，有小女孩的俏皮和娇羞。古田山原始森林中的野含笑高可达15米，叶革质，花淡黄，芳香。一株含笑花苞无数，这些微笑的小可爱就是森林里的童话。除了野含笑，古田山原始森林还是珍稀野生植物香果树、南紫薇的种群集中保留地。香果树有圆锥状聚伞花序，顶生，花芳香。南紫薇高可达14米，花供药用，种子有翅。我在森林中想找出南紫薇来，一棵不能走动的树，在进化过程中想办法让种子长出翅膀，这是一棵有头脑的树。我一直认为植物其实和人类一样是有头脑的，只是我无法确定植物的头脑应该在什么部位。是根部吗？植物的根须发达，那些延伸出去的根须，像大脑的神经。很多植物都有着南紫薇那样的聪明头脑：槭树的空中螺旋桨及翼果，椴树的苞片，大蟾蓟、蒲公英、婆罗门参的飞行器，大戟的爆炸弹簧，喷瓜的特殊喷射器，绵状毛叶植物的吊钩。植物在繁衍过程中，需要比动物克服更大的困难，因此也进化出对世界强大的推理能力，它们阴谋家一样将种子藏在甜美的果实里，引诱飞鸟来吃，鸟将种子带离母体植株，在远方找到能够发芽生长的空间。《花的智慧》这本书提到，杰出的锡拉丘兹几何学及物理学家发现了阿基米德螺旋，但早在他们发现之前，植物就已经发现或者发明了这一科学原理，它们的种子按照阿基米德螺线的原理长出螺线，延迟了种子落地的时间。看来，让种子飞一会儿，飞得更远，得到生长的机会，是所有植物的梦想。有些植物在进化过程中甚至改良了装备——在螺线边缘长出两排穗状物，可以挂在路人的衣服上或者动物的皮毛大衣上——这说明植物真的是有头脑的，它们像顶级的科学家那样，费尽心思地研究自己，拿自己做实验，不断优化，以求在无处不在的竞争中繁衍下去。

人类眼中的植物世界如此平静和顺从，仿佛一切都寂然无声，事实却是另一种样子，只不过植物求生的力量不像动物那么直观、动感而已。观看《动物世界》的时候，看到一种动物设法从另一种动物的口中逃脱，我们会大大松口气。非生即死，向死而生，是动物界残酷的生存法则，因为不能走动，植物对宿命的反抗反而比动物更为激烈和顽强，它们在进化的过程中，会突变出各种功能。人们在古田山森林里发现了很多“奇怪”现象，比如一棵甜槠附近，绝对不会生长毛花连蕊茶、灰白蜡瓣花、杨梅叶蚊母树、短柄枹、红楠、柳叶蜡梅、窄基红褐柃这些树种，如同一棵木荷树的周围不会出现柳叶蜡梅、杨梅叶蚊母树、红花油茶、红楠一样。木荷喜欢和虎皮楠、马尾

古田山典型常绿阔叶林（钱江源国家公园管理局供图）

松、马银花在一起——这里说的喜欢是指木荷树与这些树种之间，都是正的相互关系，能一起愉快生长。而与其他一些树，则是负的相互关系。看来植物的生长和人与人之间的相处一样，脾气相投、气息相近的人在一起会彼此愉快，生出正能量。性格不合、对世界看法相左，就互不搭理，甚至吵架打架。不同的树种，有的在一起都长得快，有的一个快一个慢，有的两个都长得慢，这是物种的共存机制。古田山森林中马尾松与红花油茶、栲树、杨梅叶蚊母树、鹿角杜鹃、黄檀、马银花、野漆树等很多树种都构成了负的相互关系，只与少数树种，比如木荷，相处和谐。马尾松像一个不受欢迎的人，处处受到排挤，无法汲取足够的阳光，森林中可见自然死亡的马尾松，像被森林集体谋杀的尸骨立在那里，案发现场多少有些触目惊心，好像谋杀刚刚发生，周围还弥漫着树木的阴谋。这样对待马尾松似乎不公平，但了解马尾松的性格后，又觉得它是咎由自取。有的树脾性好，能和周围的树和谐相处，有的树比较自私，甚至有暴力倾向。马尾松属后者。马尾松很容易得松毛虫病，这种病听着就让人浑身发痒，也许是植物界类似于人类麻风病的恶疾，让其他树躲避不及。马尾松还和澳大利亚的桉树一样，喜欢森林火灾。这样的说法多少让人惊讶。马尾松在南方的山上随处可见，成片生长，一年四季都是青翠欲滴的颜色，怎么看都不像是居心叵测的卧底，而铁证却让人无话可说。一场火灾过后，马尾松总是最先从烧焦的土里复活，长出幼苗，并迅速成片，占据整座山，不给其他树种留下生长的空间。仔细观察火烧过的山林，会发现确是这样的情况。整座山成了马尾松的王国。

与桉树相比，马尾松危险程度还算低的。它不像桉树深藏城府，为了吸引火，索性在演化中基因突变，让自己的树叶富含油脂，40摄氏度以上即可以自燃。在澳大利亚的烈日下，桉树浑身发痒，树叶发出噼噼啪啪的响声，然后冒烟，腾起火苗儿，引发一场森林大火。森林大火无异于是对植物生命的大屠杀，有一种同归于尽的决绝，其他的树种在大火中都烧焦了，但桉树可以生存下来。大火只能伤及它的表面，桉树的营养导管已经从树皮进化到树心，过火之后，可以快速地复活，树皮下休眠的树芽会以极快的速度长出来。另外，桉树种子具有坚硬的外壳，在自然条件下不会萌发，经过大火煅烧之后，壳变薄，变脆，种子反而容易萌发。火灾可能是桉树消灭其他树种的方法。松树的树干中也含有油脂，会不会在以后的进化中变得像桉树一样疯狂？在自然界，绝大多数植物属于自养生物，它们能够将太阳能转化为能量储存起来，食草动物通过吃草来获取能量，完成能量从太阳能—植被—食草动物—食肉动物—细菌和真菌中流动。桉树虽然是植物，为了避免被食草动物吃掉，进化出了毒性，大多数动物不能通过桉树来填饱肚子，只有考拉在进化中产生了化解桉树毒素的能力。

我在古田山森林中所见大多是美好的树、

种，木荷、甜槠、苦槠、米槠、凹叶厚朴、南方红豆杉等，它们尽量让自己长得又高又直，不去妨碍别的树，也不被别的树妨碍。我相信更多的时候，植物和人类一样，喜欢和平、和谐，喜欢岁月静好。一棵高大的木荷紧挨山崖站立，因为地势原因，它比其他的树更接近天空和梦想，伸展出去的树枝，流云飞过，烟岚飞过，白鹤飞过，神仙飞过，它想抓住就可以抓住。另一棵叶片如鹅掌的树木，风吹过，发出震颤的响声，我确信它的身体里长着一张琴，弹高山，也弹流水。孤独岩石上的椴树，诠释出树木顽强坚韧的性格，堪称英雄主义典范。它将根扎在岩石的缝里，利用岩石固定住自己，同时努力长出树根，紧紧抱定岩石，以免与岩石一起滚落山

立根绝壁（钱江源国家公园管理局供图）

崖，同归于尽。

森林中的树木彰显着大地的秩序，只有站在具体的大树下，你才能真切地感受到来自地下的抽象的力量。低矮一些的灌木，因为高度的原因，似乎更接近地气。古田山森林中的灌木层，常见的是山茶科、杜鹃花科、紫金牛科和茜草科。杜鹃花科植物开花的时候，人们惊讶于怎么会漫山遍野都是，不开花的时候则隐没在其他植物中，仿佛不存在。乔木占据了高处的空间，灌木其次，草本的生存几乎就是见缝插针，蕨类、莎草科、禾本科，都是些柔韧又生命力强大的草，它们在岩石的缝隙里，在没有阳光的背阴面也能葳蕤生长。我无法分清里白、狗脊、芒萁、凤尾蕨、金星蕨这些长相相似的蕨类植物。里白叶片巨大，叶子长达一米五，形状像一片羽毛，更像铁扇公主的芭蕉扇。其他的几种蕨类，是型号依次缩小的芭蕉扇。森林中大大小小的芭蕉扇遍地可见，一阵莫名刮起的风也许就是它们扇动的。地被层由苔藓、地衣组成，我在一面背阴的崖壁上，看见了厚厚的苔藓，地毯一样覆盖了整面崖壁，像是给崖壁穿了一件毛茸茸的绿衣。陈声文说，这面崖壁上至少生长着几十种苔藓，它们会成为一些鸟类的食物。走在古田山中，你不必担心碰壁，所有的石头和崖壁，都布满了苔藓，苔藓让一座山变得柔软，让森林和春天变得柔软。这种柔软会在人心里蔓延，把人也变柔软了。至于孢子类，它们是森林里的精灵，童话，带有魔幻性。黄色的牛肝菌，花边一样的齿贝栓菌，有毒的和无毒的，都彰显着天真无邪。白色的迷孔菌像珍

苔藓植物（余问清 摄）

蕨类植物（余问清 摄）

珠项链，戴在一棵树的脖子上，杉木上长着松杉灵芝，不远的地方还有一堆云芝，它们都是去年春天的产物，已经变成了干，硬邦邦的，样子有些难看。还没有到生长的季节，今年的菌类还在时间和雨水的内部孕育着。

海拔650米的山上有一个防火瞭望台，远看像一个大鸟巢。一年里的很多时间，陈声文的任务就是守在这个小小的瞭望台上，观察火情，观察动物，观察植物，也被动物和植物观察。森林中无大事，动物和植物无聊得很，陈声文居于森林中，对它们也是一件新鲜的事儿。就好像我们看见了外星人。人退出森林几千年几万年了，现在从城市文明返回森林，一定难以适应森林里的生活方式。首先是孤独，不过，在陈声文看来，住在城市里的人，人心和人心之间有一万光年的距离，那才叫孤独。在森林里，每天各种鸟跟他说话，嘎嘎的呼唤他，小动物也时不时来拜访，弄得他一天到晚忙得很，应酬不断。当他一个人走在森林中，藤蔓从下面缠住他的腿，种子落在他的头发里，毛茸茸的花黏附在背上，撒娇地让他背着到处乱走。听见他的脚步声，树叶与树叶发出嚯嚯的摩擦声，调皮地尖着嘴朝他的脖子里嘶嘶地吹吐着凉气。一条蛇，在去年出现过的地方再次出现，吸溜着蛇信子，向他打招呼。这是森林的秘密，蛇熟悉他的气味，顺着风向，就感知了他要从这里经过。

在森林里待得久了，陈声文像个原始人，身上有动物的气息，有植物的气息，唯独没有城市的气息。五十多岁仍一脸天真，眼睛里不见世故，带着远离尘世的单纯。古田山能让人头脑清醒，眼睛明亮，缘于这里负氧离子浓度最高值可以达到每立方厘米十四万五千个，这个数字让生活在城市里的人捶胸顿足。陈声文每天吸到肺里的氧是我们的很多很多倍，我们看到这个数字就产生了醉氧的感觉。陈声文过着我们想要返回去的生活。

据钱江源国家公园管理局常务副局长汪长林先生介绍，2002年，中国科学院植物研究所研究员马克平第一次来古田山，就和诸葛阳一样，立刻意识到这是一个珍贵的森林生态系统类型。这一年，他们联合浙江大学、古田山保护区建立了5公顷样地，两年后又建了另一块24公顷的森林大型动态样地，区域内每棵胸径1厘米以上的树都被定位、编号、挂牌、量胸径，每5年复查一次。截至目前，古田山有24公顷样地1个，5公顷样地1个，1公顷样地13个。在古田山中走，举目可见很多做了标记的树，腰身用红漆画了圈，像戴上了安全生长的袖章，树上有一个带弹簧的金属环，这是科研者安放的生长环，用来监测树木，了解树木的生长情况。借助地图可查到每棵树的位置。树与树之间放置了种子收集器，对树木种子、落叶等掉落物定期收集，用于分析和研究种子的发芽率、成活率、生长规律。森林上空巨大的长臂钢铁侠，像奇怪的外星球来物。这是观察林冠的塔吊，塔吊上安置了很多精密和先进的监测机器，每天二十四小时不间断地工作着。

地球上绝大多数地方都有人类涉足，但仍有三种生境类型人类所知不多。第一是深海，人类对深海的探索程度远不及太空。第二是沉积物，里面生活的很多无脊椎动物、昆虫、微生物等是我们不知道的。第三是林冠，古田山常绿阔叶林高达三十多米，而热带雨林的某些树种更是高达八九十米。科学技术发展到今天，林冠仍被称作最后的生物学前沿，为了研究林冠，科研者想出了种种招式，还把塔吊搬进了森林。站在塔吊上，林冠上的秘密一目了然，整座森林在视野里呈现出起伏的波浪，如绿色云海绵延天际，那种广阔和壮丽，让人心生远意、仙意，萧然出尘。

《广屿》记载："郊原十亩，名曰古田。"这是古田山得名的出处，古田山中有一瀑，哈达一样悬挂着，触手可及。瀑布旁的云台阁有一副楹联，相传是朱元璋屯兵时出过的对联

常绿阔叶林（钱江源国家公园管理局供图）

“云来云去风送月”和刘伯温对出的下联“台前台后雨花飞”，但真假却无从考证。云台阁前的瀑布带着世外之气从天而降，如果画古田山用水墨的笔调，这瀑布当是画中留白，是古田山的灵韵。一颗植物种子，举着白色的伞，精灵一样从天飘落，伸手接住仔细看，像一片鸟抖落的羽毛。借用手机辨识，说是萝藦——一种多年生草质藤本植物，开白色毛茸茸的小花，果实成熟后，从中裂开，里面扁平卵状的种子附着在狭翅上，借助风力，飞往远方。萝藦在民间叫羊婆奶、婆婆针落线包、天浆壳，《诗经》里叫芄兰。“芄兰之支，童子佩觿。虽则佩觿，能不我知。容兮遂兮，垂带悸兮。”现在它从《诗经》飞出来，带着古老的诗韵，在我眼前飘。沿着萝藦飞来的方向，我在一棵木荷树上找到了它的藤，不是很粗，高到八九米，那里一枚干裂如棉桃的果实，正咧着嘴，洁白的小伞从里面蹦出来，一朵一朵地，像勇敢的小伞兵，陆续往下跳。陈声文仰头看着它们，脸上的表情像极了它们的父亲。

这个充满生命内涵的雨水节气，古田山的草木有小心悸，我亦有春天的小心动。森林中大部分植物都还没有开花，独有开紫花的紫荆树，将花开得肆无忌惮，就像不懂得收笔的画家，一树的渲染，全然忘了周围的烘托。站在花树下，我一时恍惚，以为自己是花树，是山石，是流水，是萝藦，是萝藦的种子，森林中一朵透明的魂魄。当我回头凝视山峰，发现山峰不在那里，它们和我一样，在无涯的时空里发呆，忆起前世的洪荒。

问源
钱江源

# 我 们 的 动 物 朋 友

3月5日，惊蛰。这一日太阳到达黄经345度。万物出乎震，蛰虫惊而出走。深藏在地底下的虫蛇其实是听不到雷声的。大地回春，天气变暖才是它们“惊而出走”的原因。一候桃始华，二候鸧鹒鸣，三候鹰化为鸠。鸠在秋天会复化为鹰，这跟雀变蛤是一样的道理。古人认为大地上的某些事物会随节气的变化发生转变，这是应气之变，变之常也。动物从来没有根深蒂固的植物观，大地上的契约一直在按照人类以为的方式延续。

尽管虫蛇不是因雷声“惊而出走”，但是，当惊蛰到来，天庭的雷声滚落大地，再迟钝的生命也会隐隐感觉到来自大气层的变化，蛇蛙爬出洞穴，昆虫钻出泥土，树洞里的松鼠探出脑袋，黑熊挪动肥厚的脚掌，嗅着春天的气息开始觅食，整个森林在人类视野之外动荡起来。古田山有兽类44种，冬眠的和不冬眠的，食肉的和食草的，在森林中尽情散播自己的气味，寻找同伴，吸引异性。在与人类文明如此接近的地方，安然地在属于自己的领地里生殖，繁衍，不被打扰。不远的山下就是村落，有炊烟，有鸡鸣狗吠，有人声，有高速公路车来车往。宁静的古田山是人类给动物保留的童话世界，熊出没在这里不是动画片，而是活生生的现实。2009年，安装在森林中的野外红外相机第一次拍到了一个以前从未出现过的黑乎乎的身影——庞大的身躯，憨憨的脑袋，凸出来的嘴巴，肥厚的脚掌——工作人员惊喜不已，看来亚洲黑熊这个珍贵的物种并没有在浙江境内灭绝——1949年以前，熊在这一带并不是稀罕物，很多山民见过黑熊和被黑熊破坏得一片狼藉的农田。后来森林被人为破坏，黑熊销声匿迹。时隔五年之后的2014年，野外红外相机再次拍摄到了黑熊的踪影。其后在周边的南华山也有连续四次拍到。浙江师范大学兽类专家鲍毅新由此推测，目前在钱江源国家公园体制试点区至少有一个亚洲黑熊家庭，数量为二到三头。钱江源国家公园体制试点区的护林员去山上收集植物标本，听见树林中有窸窸窣窣的声音，抬头间，猛然看见了山坡上黑乎乎的胖大身影，护林员瞬间明白是遇到了不速之客，内心一下子掉进了冰窟窿，他甚至想到了接下来的悲惨命运。谁也没有想到，黑乎乎的胖大身影看见护林员后，掉头就跑，眨眼工夫就没了踪影。护林员不敢确定自己看见的是不是黑熊，如果不是，那胖大的黑影又会是什么呢？如果是，按照电影里的情节，黑熊以人两倍的速度在后面嗷嗷叫着追来，自己如何才能侥幸逃生呢？熊在这片地方消失得太久了，久到已经成了传说，我们的护林员无法从道听途说的传说中知道熊的习性。亚洲黑熊其实非常擅长攀爬，可以上到很高的树上取果子或者蜂蜜，还会游泳，直立行走，像人一样坐着。遇见黑熊爬树逃生应该是愚蠢的行为。黑熊的视觉很差，被称作熊瞎子，它肯定不是看见护林员才逃跑的。它是闻见了护林员的气息或听见了护林员的声音，才仓皇逃奔而去。作为视觉的亏欠，熊天生具有异常灵敏的嗅觉和听觉，顺着风向，可以闻到半公里外的气味。并且，亚洲黑熊以素食为主，植物大约占98%，动物只占2%，这2%还是以鱼为主，护林员并不在它的食谱内。一般情况下，亚洲黑熊4到7月吃各种植物的幼叶嫩茎，尤其喜欢竹笋，杨梅。7到9月变成了水果控，猕猴桃、野樱桃、野桃子、野李子都是它喜欢的。9到11月，是坚果的季节，板栗、茅栗、青冈栎、麻栎成为磨牙的好食物。在食物缺乏的情况下，才会大着胆子，跑到农田里干些坏事，玉米、南瓜是它喜欢偷的，大豆、蚕豆和红薯也会顺带偷一点。古田山上的亚洲黑熊，食物富足，应该不缺吃，肯定不屑于类似的小偷小摸的事情。

山中有熊，难免会引人奇想，担心遇见是必须直面的问题。遇见了是不是要像护林员一样装死、爬树或者号叫着和熊赛跑？毕竟是野兽，就算不吃人，肥大的熊掌拍一下，也够受的。各种逃生方法在脑子里闪过一遍，不禁哑然失笑。亚洲黑熊是典型的林栖性动物，喜欢栖息于海拔500到1500米的常绿阔叶林、常绿落叶阔叶混交林和针阔叶混交林中，也可以在海拔4000米左右的寒温带针叶林中栖息，有垂直迁徙的习惯。夏季迁徙到高海拔地区，冬季迁徙到低海拔地区。一般来说，它们不太喜欢下到海拔太低的地方。我估算了一下所处森林谷地的海拔，也就一二百米，甚或更低，不在黑熊的活动范围内。如果鲍毅新的推测准确，偌大的森林里只有2到3只黑熊，真要遇见也只能怪自己运气差到了极点。古田山的工作人员追踪了这么多年，也只追踪到黑熊挂在灌木上的熊毛以及雨后地面留下的疑似脚掌印，也只有红外相机拍摄到过真实的黑熊。钱江源国家公园体制试点区布设了269台红外相机，古田山被划分为93个网格，每个网格面积1平方公里，内设1台红外相机。在动物痕迹较多的地点加设了3台。红外相机固定在离地面50到80厘米的树干上，镜头与地面平行，工作人员详细记录下红外相机安放的日期，卫星定位点，海拔，植被类型及其他环境因子参数。每4个月检查一次相机的工作状态，更换电池和储存卡，收回数据。只要有体温的生物经过附近，红外相机会自动拍照，留下记录。每次触发红外相机，会连续拍3张照片和10秒的视频。红外相机样子像机器人的脸，脸上有两个圆而黑的大眼睛，古田山区内有91台红外相机，182只大眼睛日夜盯着森林，也仅4次捕捉到黑熊的身影。

在古田山遇见黑麂就不那么难了。钱江源国家公园体制试点区内有黑麂500到800只，约占全球数量的10%，是我国最大的野生黑麂栖息地，另外还有一定数量的小麂。麂应该是此地占数量优势的物种，不像黑熊，庞大而孤独。一只黑熊走遍整座森林也很难遇到另一只。熊的孤独是庞大的孤独，洪荒的孤独。麂则不然，它们可以嗅着风向找到另一只麂，可以聚在一起，为爱大打出手。黑麂喜欢栖息在海拔600到1000米的山地

黑麂（钱江源国家公园管理局供图）

常绿阔叶林及常绿落叶阔叶混交林中，鹿科鹿属，长相与鹿接近，就算在森林中遇见了麂，人们也往往会误认为是鹿。黑麂和鹿一样是食草动物，但在它的胃里也发现过一些碎肉块，表明它偶尔也吃动物性食物。这在鹿类动物中绝无仅有。正如对亚洲黑熊的误解，人类印象里，熊是凶残的食肉动物，即便是动物园里饲养的熊，一旦熊性大发，也会把饲养员搞得狼狈不堪。在人的通识里，鹿是温和的食草动物，不会带来伤害。其实不完全是这个样子，我小的时候看见过河洲上拴着的一头鹿，头上顶着森林一样的鹿角。每次有人靠近，鹿就远远地挣着绳子，呼呼地喷着粗气，四只鹿蹄将地面踩踏出坑，腾起愤怒的尘土，一副要冲过来拼命的架势。后来听说是养鹿人在喂食鹿的时候被鹿顶死了，旁边的人只能看着干着急，没人敢上前阻止。出现在古田山红外相机镜头里的黑麂，头顶上有两支短短的角，看上去像装饰物，不具有杀伤力。另一只由于头上长角发痒，将头抵在地上磨蹭，憨态可掬。黑麂嘴角露出一截尖牙，从上颚延伸出来，与小巧的脸和惊恐的大眼睛很不相配，就像可爱的公主长了巫婆的尖鼻子。可以肯定，黑麂的这对尖牙不是用来吃草的，它们形迹可疑地露在嘴唇外，样子有点狰狞。

野生黑麂是一种胆小的动物，觅食的时候，啃几口青草，就抬起头聆听一会儿四周动静，耳朵始终警惕地竖着，一旦声响可疑，立刻逃之夭夭。工作人员时不时会与黑麂不期而遇，那情形有点滑稽，人和麂都吓一跳，呆立原地，只一瞬，麂像是被什么戳了一下，旋风般地向森林深处远遁。在中国分布的三种麂——黑麂、赤麂、小麂中，小麂的体型最小，体长只有八十厘米。古田山的小麂，生活在低谷和森林边缘的灌木和杂草丛中，借着浓密草木的隐蔽来保护自己。小麂缺少强有力的斗争武器，但异常灵敏，能巧妙地逃避敌害。

但麂却很难逃避人的伤害。人太过聪明，陷阱、圈套、诱惑、明刀暗箭，防不胜防。杜甫写过一首《麂》："永与清溪别，蒙将玉馔俱。无才逐仙隐，不敢恨庖厨。乱世轻全物，微声及祸枢。衣冠兼盗贼，饕餮用斯须。"在杜甫的年代，不知道有没有野生动物一说，但杜甫显然是个动物保护者，将吃麂的人比做饕餮，是“衣冠兼盗贼”。前些年，“衣冠兼盗贼”较多，饕餮之徒无所不吃。随着人们环保意识的觉醒，吃野生动物越来越被鄙视和不齿。有一次假期聚餐，餐桌上的老一辈说起吃蛇、吃野鸭、吃天鹅，孩子们露出鄙夷的表情，质问：天鹅是拿来吃的吗？蛇可以吃吗？野鸭不是你们养的，你们有权利吃吗？孩子们看大人的目光也像看一群野兽。孩子没有经历过乱砍滥杀的年代，心灵没有血腥，清澈的眼睛里众生平等，都有生存的权利。孩子们的理念是野生动物的希望，也是人类自己的希望。人们保护野生动物的意识越来越强，古田山附近的村民会抱着受伤的小麂来向陈小南求助，在以前，这样的一只小生命，最终的命运是拿到市场上售卖，被宰杀分割了吃肉，再无回到森林的可能。在陈小南照料下，伤愈后的小麂被放归山林，这是一只即将成年的母麂，体态优美，皮毛闪亮，它将在密林深处繁衍出更多的生命。

陈小南何许人？85后年轻人，浙江师范大学化学与生命科学学院生态学专业硕士研究生，毕业后来古田山，日常工作就是照看好钱江源国家公园体制试点区内的269台红外相机。对他来说，这是一份有趣的工作，最兴奋的事情莫过于取红外相机里的储存卡，里面会出现各种动物的身影：一只猪獾出来闲逛，长鼻子东拱西拱，样子呆萌；两只行动迟钝的鼬獾在夜间出来觅食，一前一后，相互照应；两只白鹇为了争抢食物，昂起脖子啄架；中华鬣羚在悬崖边交配；豹猫想捕食花面狸，结果被花面狸放的屁熏晕。红外相机曾经拍到一条粗大的蕲蛇捕食幼鸟的场景，老鸟叫得撕心裂肺，眼睁睁看着自己的三个孩子被蛇吞进肚子里却毫无办法。这种心碎的场景陈小南有时候会亲眼看见，但他不会出手去管——大自然有自己的生存规律和平衡法则，人最好不掺和。人的掺和本身就是对森林生态平衡的破坏。

在森林中穿行，得像野兽一样开辟道路。森林中没有人的路，有的都是野兽的路，它们闻着自己的蹄印和气味行走，中华鬣羚的蹄印和麂的蹄印互不重叠。藏酋猴和猕猴各有各的山头各不侵犯。松鼠在树上，大绿臭蛙在石头洞里，蛇有蛇道，虫有虫迹，野鸳鸯在水面，鱼在水底。在它们的王国，人是不安的，惶恐的，时刻提心吊胆，生怕被突然出现的什么东西伤害。在城市文明中人类受到律法保护，森林也有律法，那是动物的律法。蜂窝里有蜂蜜，切记不可探头探脑，在森林里私闯民宅，比在城市后果更为严重。人在森林里属于闯入者，借道而行，就算不遇见黑熊，野猪呢？蛇呢？厚厚的落叶下可能潜伏着冬眠醒来的蛇，灌木的枝条上挂着一截蛇皮，薄而透明，像一缕灵魂，预示着这附近有蛇出没。传说古田山有三怪："螺无尾""蛇不螫""水有痕"。其他两样不太清楚，没有去考证过，但蛇不螫绝对是传说，是美丽的谎言。古田山工作人员就被蛇咬过，民间说法，打死咬人的蛇才保得到被咬人的命。但没有人这样做，这是大自然，人说了不顶用。

《尔雅》说："春猎为搜，夏猎为苗，秋猎为狝，冬猎为狩。"这大概是古人最早的生态观。动物和植物，都是大自然的馈赠，人类要索取有度，才能保持大自然的平衡。新疆游牧的哈萨克人，大雪封山的时候会遇见饿极了的狼下山吃羊，哈萨克人驱赶狼的时候会放过怀孕的母狼，任由它们从枪口下跑掉——任何怀孕的动物他们都会放过。这是祖辈留下来的规矩，不用法律法规来制约，一代代自觉地遵守。他们可能不懂得什么是科学，什么是环境保护和生态平衡，但他们懂大自然。这就足够了。

森林中的夜比外面黑得早，黑得快，它是一下子就黑下来的，像是被一个巨大的东西给罩住了。某些地方开始传出叫声。“呦呦鹿鸣，食野之苹”是诗里面的声音，优美，抒情。真正森林里野兽的叫声，具有穿越黑暗的力量，有一种森然和悚然。那是夜间出动的动物，发出捕食前的啸叫，宁静和杀气同时在森林中弥漫。这是森林的魅力所在。

壮胆子往前行走，脚下随便踩到的什么，都可疑得让人心惊肉跳。黑暗中的森林又冷又湿，树木在头顶飒飒作响。抬头看天，天被森林一手遮盖，乌漆嘛黑的。走出森林，也是乌漆嘛黑的，仿佛巨大的森林在黑暗中扩张，变得越来越大。如果不是城市的灯光挡住了森林，它们会在黑暗中像远古那样占据整个地球。古田山的夜晚没有灯光，一盏路灯都没有。它要保持古代的黑，原始的黑，大地之初的黑，那种黑到深处的黑，那种森林可以肆意扩展的黑。在很多地方，我们已经见不到黑夜了。路灯、楼灯、霓虹灯、汽车灯，把世界照耀得一片雪亮，从夜航的飞机上往下看，看见的是银河系一样星星点点的光，这些灯光让大地上的植物紊乱，让动物焦躁不安。古田山不安路灯，不是回到原始和蒙昧，而是更高级的文明。动物和植物可以按着自身的规律生长，有晨昏之分，昼夜之别，四季更替。

古田山的夜晚，伸手不见五指，大地有一种令人心怀感激的漆黑。

# 鸟人，鸟事

鸟人，
鸟事，

春分是二十四节气中的第四个节气。这一日太阳直射赤道，昼夜相等，阴阳相半。太阳达到黄经0度。一候玄鸟至，二候雷乃发声，三候始电。玄鸟，指的是燕子。春分而来，秋分而去。

燕子是最早回到古田山的候鸟。站在层次分明的常绿阔叶林中等白鹇出现的时候，我几次看见燕子的身影像黑色闪电从林中掠过，我要等的白鹇却不见出现。白鹇是留鸟，一整个冬天都待在古田山，哪儿也不去。原因可能是它们觉得哪儿都不如古田山好，不如古田山安全，怡然自得。白鹇以昆虫、浆果、种子、嫩叶和苔藓为食，古田山的苔藓可以用肥美来形容，有上百种，口味丰富，营养也极丰富，即便是昆虫蛰伏，浆

溪水潺潺 白鹇悠悠（徐良怀 摄）

果吃光，嫩叶变成了落叶，白鹇也不会缺少食物。丰衣足食的情况下，白鹇实在没必要学别的鸟，不辞劳苦地飞来飞去。

白鹇不飞来飞去的另一个原因可能是它体型太大，不适合长途飞行。不过天鹅体型也不小，天鹅为什么飞得又高又远，能从南半球一直飞到巴尔喀什湖和西伯利亚呢？体型大显然不是白鹇当留鸟的理由，我怀疑真正原因是白鹇有凤凰一样的长尾巴，长尾巴会产生阻力，妨碍飞行。不过，鸟事只有鸟知道，用人的思想去推理也许是愚蠢的。

白鹇属于鸡形目雉科。明清时候，五品文官的官服上绣的就是它们。雄性白鹇体大，尾长而白，背白色，头顶黑或红色，中央尾羽纯白色，因为酷似传说中的凤凰，被当地人叫白凤凰，在称呼上人们给了雄性白鹇极高的荣誉。雌性白鹇上体橄榄褐色或栗色，下体有褐色细纹或杂有皮黄色，形象更像一只鸡。白鹇俗名银鸡，应该是被雌鸟的颜值拉低的。陈声文说，每天黄昏，下班时间一到，白鹇会飞到山门附近，等毛木喂食。毛木是一个五十多岁的人，脸黑，体胖，背有点驼，眼睛不看人，也不看地上，而是看天，偶尔用眼角余光观察我一下。毛木不叫毛木，究竟叫什么，陈声文说的时候我没听清楚，好像是毛木，也可能是老木吧。陈声文普通话说得很费劲——山上待久了，陈声文几乎用不上说人话，人话在森林里是不通用的，就像无法流通的货币，说是废纸并不为过。动物语言，植物语言，虫类

白鹇（傅剑钢 摄）

语言，鸟类语言，风的语言，流水的语言，才是森林中的英语、法语，或者汉语。人的语言于陈声文越来越陌生。他说得费劲，我听也费劲，他介绍树，介绍动物，介绍鸟的时候，我转过脸看小何，小何用标准普通话给我翻译一遍。他介绍毛木，毛木就站在我对面，我不好意思让小何再介绍一遍。

毛木不理我，他用方言和小何他们说话。他们说方言，我基本就傻眼了。开化的方言，声腔有皖地的婉转，赣人的铿锵，也有浙江的绵软。就算我竖起耳朵，加上猜测和想象，得出的意思也是相去十万八千里。开化的方言拿去当交流的密码用，被破解的可能性也几乎为零。

毛木不喜欢我和他一起站在这里等白

鹇。等白鹇是他的专利，别人不行，陈声文也靠边站。白鹇不认我们，只认他。他仰起脖子咯咯咕咕叽叽啾啾地叫几声，白鹇就出现了，好像是他家养的，这让他很骄傲。若是李白见了毛木，一定也会心生嫉妒。李白自称驯养禽鸟的高手，曾在青城山养了一大群珍禽异鸟。李白在《上安州裴长史书》中说："养奇禽千计.呼皆就掌取食，了无惊猜。"李白养的禽鸟中就有白鹇。白鹇野性刚烈，很难驯养，估计不会"呼皆就掌取食"。某年李白游历黄山，看见隐士胡公家里有母鸡孵化的一对白鹇，饲养长大，十分驯服，想要。胡公欣然答应，但要李白亲笔题诗一首。李白挥笔写下《赠黄山胡公求白鹇》："请以双白璧，买君双白鹇。白鹇白如锦，白雪耻容颜。照影玉潭里，刷毛琪树间。夜栖寒月静，朝步落花闲。我愿得此鸟，玩之坐碧山。胡公能辍赠，笼寄野人还。”李白在序文中提到：“此鸟耿介，尤难畜之。”白鹇家养，的确不是易事，毛木能呼之即来，我怀疑他对白鹇施了魔法。问毛木，你经常给白鹇喂食吗？毛木睥睨地看我一眼，答道：“我经常不给白鹇喂食。”

毛木口袋里只象征性地装着几粒豆子，给白鹇喂食是借口，白鹇来吃食也是借口，几粒豆子，填不饱白鹇的肚子。小何说，白鹇是野生鸟，古田山的动物、植物和鸟类，都是野生。野生的，最好不要喂养，要保持它们的野生性。喂习惯了有依赖性，就懒得觅食了，会失去生存能力，越来越濒危。

我们站在山脚下的谷地里等了一个小时，暮色从青翠的树木上垂落下来，山谷里的光线也开始合拢，白鹇始终不见出现。看来今天白鹇是不会出现了，我怀疑是毛木故意不让白鹇出现的，他肯定给它们发出过信号。陈声文说，只要一有陌生人来看，白鹇就不出现了，每次都这样，别看平时它们从一棵树飞到另一棵树上，有时候还落在毛木跟前走来走去。白鹇是机警性很高的鸟，一有响动就飞得无影无踪，但它们不怕毛木。它们在毛木跟前像一群鸡，溜达一会儿，天黑前飞回树林睡觉，毛木也回自己的房子睡觉，毛木和白鹇是邻居，黄昏时的见面就像邻居间的交往和礼节性的拜访。毛木是古田山管理处的工作人员，白鹇也有自己的单位，平时成对或者3至6只小群活动，冬季集结在一起，一个集群多达16至17只。晚上白鹇成群上树睡觉，雄鸟非常绅士，会让雌鸟先上树，雄鸟随后。或者雌雄一起，一边发出叫声，一边飞上高枝，距离地面一般6到8米。白鹇虽有一对高贵的翅膀，平时却很少使用，它们喜欢在林中闲庭信步，求偶也在地面，雄性白鹇不停扇动翅膀来吸引雌鸟。这种方法人类也常用，穿光鲜的衣服，或者搔首弄姿。白鹇遇到紧急情况才会飞起来，落到树上，逐步登高，藏于高大乔木密集的树冠下。我在西双版纳看见过孔雀飞，景区为了吸引游客，将孔雀赶到山顶，然后驱赶它们飞下来。孔雀一边惊恐地发出叫声，一边仓皇地往下飞，落地时跟我跳滑翔伞一样

雄性白颈长尾雉（钱江源国家公园管理局供图）

站立不稳，摔一跤，扑腾几下，折断许多漂亮的羽毛。成群的秃尾巴孔雀落魄得像一群抱窝母鸡，有两只没有和其他孔雀一起集体往山下飞，它们飞到高大的热带树木上，在那里发出抗议般的叫声。景区人员用长杆子驱赶，越赶它们越往高处飞。这情景和白鹇多少有些相似。孔雀只能从山顶往下飞，无法从山下往上飞。白鹇还保持着飞的能力，也许有一天它们的翅膀会退化，最终和孔雀殊途同归。

花费这么多的文字来写白鹇，实在是因为它是钱江源的吉祥鸟，古话说，良禽择木而栖。

国家一级保护野生动物白颈长尾雉在古田山原始森林中数量算多，这里也因此被

翠鸟捕鱼（汪福海 摄）

称作“中国白颈长尾雉之乡”。白颈长尾雉尾羽鲜亮夺目，戏剧舞台上的雉翎，用的就是白颈长尾雉和白冠长尾雉的尾羽。从活雉鸡身上拔下来的尾羽，富有弹性，羽毛能保持鲜亮的色泽，死雉鸡尾羽灵活性差，难度较高的翎子功无法展现。这是一个残酷的话题，和戏剧头面点翠一样，美和艺术的后面是血淋淋的鸟命。古田山中有普通翠鸟，也有白胸翡翠和蓝翡翠，它们在这里是安全的，觅食、求偶、产卵、繁殖，没有性命之忧。随着工艺的进步，能够替代雉翎和翠羽的东西越来越多，人们的生态环保护意识也越来越强，这些有美丽羽毛的鸟也将从艺术舞台全身而退。开化是个九山半水半分田的地方，除了钱江源国家公园体制试点区，整个县域都处在生态保护的辐射范围内。山好，水好，人好，由此引来群鸟聚集。古时人们认为群鸟聚集的地方是祥瑞之地，说法不是没有道理。走在古田山中，高大的树木遮蔽了鸟影，但我知道它们就在那里。四面八方都是鸟鸣，高一声，低一声，是呼应。长一声，短一声，是暗语。婉转啁啾的，一定是体型娇小的黑枕黄鹂，只有它们能发出这样动听的叫声。急速飞过的仙八色鸫，披着八种颜色的羽衣，它发出的是双音节哨音，短而急促，但是响亮。一只灰喉山椒落在密花梭罗上唱出男中音般低沉的歌声，另外几只松鸦和红胁蓝尾鸲，在看不见的地方唱着同样优美的和声。红嘴蓝鹊是来砸场子的，它的粗嗓音响彻山林，老远就能听见。

仙八色鸫（吴志华 摄）

戴胜是个多嘴的家伙，一边飞一边叫。红嘴相思鸟叫声如泣血，听得人心碎。黑翅鸢一贯沉默，轻易不发出叫声，这个家伙一旦开口，就像一把大提琴，能低沉到人心里去。一群喧闹的黑卷尾旋转着飞下来，略微饮了些水，又飞走了。飞了一大圈之后，朝我这边飞来，它们的翅膀发出呼呼的声音，尖尖的羽毛仿佛薄薄的刀片，在乱砍着空气。一只麻雀在我眼前来来回回飞了好几次，停在一棵野漆树上，旋颈，抖翅，磨喙，听一听风声。麻雀飞走后没多久又飞了回来，停在野漆树上，旋颈，抖翅，磨喙，听风声，重复上次的动作。我以为它们是同一只。陈声文说不是，刚才那只头上有一撮翘起的毛，叫凤头鹀，这一只有白眉毛，叫白眉鹀。古田山有栗耳鹀、黄喉鹀、小鹀、黄眉鹀、田鹀，灰头鹀、黄胸鹀、三道眉草鹀。很多种鹀看上去很像，其实不是同种。我惊讶半天，感叹以前一直以为的麻雀，原来不是麻雀。以前看它们都是一个样，原来不是一个样，而只是近亲，同宗，却不同族。不懂鸟的人，真看不懂鸟的装束。我拿出手机，想拍白眉鹀，白眉鹀飞走了，发出咒骂的叫声。古田山的鸟精得很，认得出本地人和外地人。本地人走过去，它们不飞，歪着脑袋和人对视。对种地的或在山上劳作的人，它们主动亲近，飞过去看看人在干什么，顺便拣点吃的，对外地人却警惕得很，尤其对穿冲锋衣、举着大炮筒的人非常反感，绕着飞，远远地站着，用冷眼看，人一举起手里的东西，鸟就咒骂一声飞走了。

古田山中还有一种叫冠鱼狗的鸟，长相奇特，青黑色，有白色横斑。冠鱼狗头上的冠羽很发达，像印第安人戴了蓬松的羽毛头饰，风一吹，冠羽歪到一边，乱蓬蓬的一团。还有一种鸟叫斑鱼狗，可能是冠鱼狗的亲戚，羽毛黑白，头上也有一撮毛，样子难看。明明是鸟，听名字却让人以为是条狗。这让我想起《山海经》里记载的怪鸟：毕方，其状如鹤，一足，赤文青质而白喙；灌灌，状如鸠，音如呵；翟如，人面，白头，三只脚；罗罗鸟，凶猛，会吃人；当扈鸟，飞翔不用翅膀，靠脸上的长须毛；酸与，样子像蛇，四翼，六目，三足。走在古田山森林中，我相信这片森林确曾出现过这些鸟，它们有的灭绝，有的进化，变成了现在我们看见的鸟样。长着人面的翟如可能变成了鸟人，毛木就应该是个鸟人，喜欢像鸟一样缩脖子，耸肩，驼背。背部凸起的肩胛骨，有一天也许会长成翅骨。我对所有驼背的人都心存好奇，觉得他们的后背很有可能会长出翅膀来。开化有个叫徐良怀的，也是个鸟人，整天披着伪装网，匍匐在古田山的森林里拍鸟，能狐狸样十几个小时藏在灌木丛里一动不动。古田山有264种野生留鸟和候鸟，他拍到了二百种。其中有七十多种鸟填补了当地鸟类资源记录的空白。还有一些鸟人，经常出没于森林。他们是古田山爱鸟志愿者，有灵敏的嗅觉和视觉，有身轻如燕的身手。鸟在天上飞，他们能在地上神速地穿过荆棘和藤蔓，跨过悬崖和沟涧，一路追踪它们的行踪，记录下它们的生活习性、生长情况、迁徙时间。前几天连天的雨，到了春分这一日，雨停了，雨气还没有散去，古田山森林在雨水的滋润和阳光的照耀下猛烈地生长，变得越来越大。鸟和鸟人的世界，像一片深绿的秘境。6点38分，一团白色的鸟影从深绿之上飞过，我不能确定是否真的看到了白鹇。那一瞬，我像另一只鸟，凝在空中，忘记了飞翔。

十多日后，清明前，北京的朋友终于摆脱了疫情，一俟解禁，没有再想沿运河南下，而是立刻飞来了古田山，他比我幸运，当管理局领导陪他一起拐上山道，第一眼就看见了对面拐弯处山坡上在细雨中闲庭散步的一群白鹇，十几只栗色雌白鹇中最显眼的是一只洁白间带鲜红的雄性白鹇，不但体格健硕，而且器宇轩昂，丝毫不怯生的样子。一直到他们走近了才迅速上移，隐入深林中。再往前走，又是更为庞大的一群。管理局的领导对北京的朋友讲，并不是每个客人都这么幸运，白鹇是吉祥之鸟，这预示着这本关于钱江源的书一定能顺利完成。

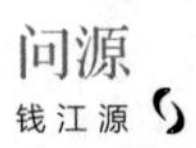
问源
钱江源

散 落 的 民 间

斗指乙为清明，这一日太阳到达黄经15度，生气旺盛，阴气衰退，万物吐故纳新。开化县齐溪镇，满山新茶，每一个叶芽都新得让人心醉。走在茶山上，感觉自己也是绿的，新的，鲜的，嫩的。浑身毛孔，无一不吐露着植物的芬芳。钱塘江源头莲花尖上流下的溪水，在这里和左溪、桃林溪、龙门溪汇合，流入马金溪，往下接纳更多的溪流，渐趋开阔和平缓。河流经过，文明诞生，村落散开，道路出现，茶山初成。不知何年，开化龙顶茶始名传江南，继而名扬天下。“一江挑两龙，源头产龙顶，源尾产龙井。”北京的朋友曾打电话过来，对我絮叨“开化龙顶”是他见过的最具审美的极品绿茶，不但色香味俱佳，茶芽入水后，更是一叶叶竖起，如舞蹈的茶仙子。所以“开化龙顶”又有“水中芭蕾”的美誉。产龙顶茶的核心地带，就在仙境齐溪。

齐溪是钱塘江流经的第一个镇子，商业气息还没有那么浓重，流水带着山野的清澈，空气带着森林的纯净，大地上生长的一切，都带着泥土的味道和时间的沉积。把时间退回到元末某日，朱元璋身份还是红巾军头领，兵败九江后，带着人马灰头土脸地来到开化境内大龙山休整。大龙山山高林茂，瀑布飞泻，溪流潺潺，朱元璋走在山中，前路未卜，成败未知，身体疲惫，心情恶劣，途经一农家，忽生出了进去歇口气的想法。开门的老农久居深山，正在一口大锅里炒茶，见有山外来客，沏了新茶端上。朱

齐溪镇江源秋晨（钱江源国家公园管理局供图）

元璋喝了一口，满口生香，精神大振，颓丧之气尽消。问老农此茶产自何地。老农指指屋后大龙山。朱元璋觉得是个好兆头，大龙山，应是天龙所在之地，看来自己转运之时到了。遂命人取笔，写下“大龙茶”三字。离开的时候，朱元璋回头看大龙山，满山新茶，为山野提色，为义军壮行，尽显脱俗之高洁。朱元璋自喝了大龙茶，节节得胜，最后竟得了天下。当地人觉得大龙山有龙气，朝有紫气聚集，暮有烟岚飘荡，生长于山顶的茶树，栉风沐雨，茶味馥郁，遂将“大龙茶”改叫了“龙顶茶”。

龙顶茶是否与朱元璋有关，跟朱元璋在云台阁出对联一样无从考证。其实，民间很多传说都亦真亦假，无从考证。“龙顶茶”在明清时为供奉朝廷的贡品却非虚言。明崇祯四年《县志》载:“茶出金村者,品不在天池下”,又记载:“进贡芽茶四斤”。清光绪三年也有记载:“茶叶开始出口”。清光绪二十四年又记载,芽茶进贡时“黄绢袋袱旗号篓”。说明不管与朱元璋有关或无关,龙顶茶都是好茶。好茶与天气有关,与地气有关,与人气有关。钱江源国家公园体制试点区面积252平方千米,范围包括开化县苏庄、长虹、何田、齐溪4个乡镇,21个行政村,72个自然村,这些年,驴友多了起来,但还没有到“圣地”的份上,没太多热闹,也没那多人工地修剪。不像很多地方,盲目开发,毫无节制地发展,无所畏惧地开放。钱江源懂得保护自己,拒绝一些东西进来,拒绝改得面目全非。就像一个女人，不化妆，不整容，保持着天然的朴素和安静。汪长林先生告诉我，他们准备一两年内把从境外引进的树种全部从国家公园领地内清理出去。并不是说我们保守和老派，而是这里原本是几千年延续下来的一个和谐的生态系统，森林里围绕每棵树的20厘米直径、50厘米直径，100厘米以及更大直径的面积里，哪些树种被拒绝，哪些能够和谐生长，都经过了自然的选择和淘汰，这些外来的光鲜树种表面看是丰富了我们的森林资源，事实上却是一种人为改变和破坏。作为管理者，必须保证这里的一切都是自然的，或顺其自然的。山脉连着森林，森林连着溪流，溪流连着散落的村居，一代代自然延续下来，我们不要轻易去改变它。

去钱江寻源的立春日，我曾穿过一个个村镇，看见村舍宁静，田地井然，老人孩童怡然自乐。齐溪最靠近钱江源，还保留着江河源头初始的模样，能看见一些农耕时代的旧物，如门前堆积的柴垛，黄泥土墙上挂着的蓑衣，屋檐下风干的腊肉，竹编上摊晒的笋干，阿婆身上的土布围裙，黄昏时浅浅飘荡的炊烟。田地里自然生长的蔬菜，萝卜得到了萝卜的白，青菜爱着自己的青。齐溪没有什么不可一世的东西，房屋、汽车、道路、路上行人，都平常到朴素、朴实，与周围的大地相近。这里发光的一切都和自然有关。河流、山峰、草木、田里的农作物、山上的茶树，在春天又新又亮。钱江源处在群

浮梁 老龙源村（李益华 摄）

山环抱之中，群山涵养了江河的源头，江河涵养了一方的地气，地气涵养了龙顶茶。清明前后，村姑巧妇的手，忙着采茶，一芽一叶，都是最鲜嫩的叶片，鲜嫩到能染绿女人们葱白的手指。

我在距离钱塘江源头最近的农家喝了一杯龙顶。此农家是钱塘江走出山林，步入现代文明迎头撞见的第一户居民，门前立一块大石，上面刻着“源头第一家”。农户没有刻意经商的头脑，一边种地，一边借着位置优势开民宿，看上去就是平常农家，门前堆放着农具，有些杂乱。一条土狗横躺在门口呼呼大睡，人抬脚从狗身上跨过，狗抬头看一眼，继续呼呼大睡。几只鸡走来走去，几只鸭趴在院子中央。石臼里积着雨水，一只鸟站在石臼的边沿饮了点水，然后哐哐哐地啄食石臼里什么东西，屋侧码着高高的柴垛。柴垛上的竹匾晒着霉干菜，霉干菜的味道在空气中弥漫。房屋没有粉饰一新，没有挂醒目的招牌，如果不是门口立了牌子，没有人会觉得这是营业场所。门口的牌子极其简洁：住宿，吃饭。下面是一个手机号码，言简意赅，没有任何招揽言词，一副你来或不来，我就在这里的态度。四层的小楼，是江南农村常见的那种，墙体的瓷砖被雨水洗得发旧，有了一种陈年的感觉。楼上住宿，楼下吃饭，摆着三张木桌，几条长凳。看来平时客人并不是很多。这里的桌子就是桌子，凳子就是凳子，除了它们本来应该具有的功能，其他的，都是多余。烧菜的灶，就在隔壁，大土灶，大铁锅，热气腾腾，香气弥漫，人间的烟火有人间的味道。

那日我从莲花山下来，看见了钱江源头，心内澎湃，饥肠辘辘，走进源头第一家，在方桌前坐下来吃饭。饭菜上来前，农户用山泉水冲泡了一杯龙顶放在我面前，水是好水，茶是好茶，杯子是塑料杯，并不影响茶的品质，茶叶一根一根竖立杯中，每一片都紧直挺秀，银绿披毫，仿佛有生命，有生机，有希望，如同在茶树上继续向上的生长，继续呼吸和吸收。它还可以更饱满，更绿，一直绿下去，绿到人的眼睛里，绿到人心里，绿到钱塘江的水里。在钱江源最大的感受是绿，无处不在的绿，满眼的绿，让人怀疑自己的眼睛被染绿了，皮肤也在染绿，头发也在绿，灵魂也在绿。除了绿，其他的颜色都消失了，都被绿浸染了。

一杯龙顶茶，透绿明亮，涵盖了钱江源的颜色和风韵。

清明过后的钱江源，不再是单纯的绿，这些被大自然随意种在大地上的植物，会按时令法则去完成生长过程的每一个步骤，春华，秋实，不提早，也不推迟。冬天植物叶片收紧，枝条收拢，春分、清明过后，前一天树上的花苞还紧缩着身子，一夜之间就爆米花一样炸出花来，蓬松地缀满枝头，让一座山几乎飘起来，脱离大地。这时节，北方很多地方的树木始发芽吐绿，钱江源却已是一座天然的花园，姹紫嫣红，万紫千红，红肥绿瘦。绿是底色，是背景，是永恒的衬托。从散居在山上坡下的村落穿过，听见花朵哔哔叭叭打开的声音，花朵彰显出巨大的力量，主宰了山丘和谷地，它们像钱江源的流水，从高处流淌下来，漫溢田野，田野就是一大束花朵，香气绵绵不绝。斑鸠的鸣叫透过开花的李子林传来，村里的农妇都有一副吓人的大嗓门，一开口，就把杏花震得簌簌往下落。桃花灼灼，呈现了春风得意的本质。梨花带雨，有戏剧里的美意。细碎的枇杷花最擅长暗结珠胎，有伊甸园的元素。“防有鹊巢，邛有旨苕。”《诗经》里的紫云英，铺张出古风的浪漫情调。“于以采苹？南涧之滨；于以采藻？于彼行潦。”苹和藻在水中，水蓼花、金钱草、水罂粟也在近水的地方开黄花或者蓝花。这些水生植物起着净化水源的作用。水草的尽头，有白鹭飞来，落在水草中觅食、洗脚、啄羽毛。有的用一只细细的腿站立，黑溜溜的眼睛观察人，人走近了也不飞。飞走的那只，轻盈的白从一片绿之上飘过，仿佛有另一个我一去不返。

这就是钱江源的山林和村落。大地因花朵和人烟充满生命，因河流的贯穿密不可分。生活其间的人，有比皇家更宽敞的御花园，夜晚安睡的时候，可以听见花落枕边的声音，昆虫弹唱的声音，小鱼吐泡泡的声音，身边人打呼的声音。天籁与人声汇合，这才是世界原初的生活状态。画家梵高和蒙克曾在画中动情地描绘村镇的房屋风景，他们笔下的房屋精灵一样在画面中闪烁。钱江源的村落，具有浓郁的乡村气息，内含古老的招魂魔法，有那么一刻，我想停留下来，在这里生活下去，一日三餐，一年四季，看尽人间山林与落日。

我一直想着再回钱江源，去源头第一家吃顿家常饭。立春日的那顿饭没有山珍海味，没有手艺精湛的厨师，但有人间真味，让我回味和想念。山泉水里养的鱼，屋后山林中的笋，门前田地里的青菜，自家磨出来的豆腐有浓浓的豆香。自家母鸡下的蛋，蛋黄又大又亮。主厨的夫妻二人，五十多岁，一个烧火，一个炒菜。动作麻利。端菜上桌，也裹挟着一股剽悍之风，咚的一声，大瓷碗落于桌上，汤汁却并没有洒出来。所有的菜都是辣的，包括青菜，这不奇怪，齐溪再过去就是安徽和江西，安徽吃辣，江西也

齐溪镇·凌云望月（钱江源国家公园管理局供图）

吃。不吃辣的浙江交界地带也难免被传染。相对于选料讲究、制作精细、属于八大菜系之一的徽菜，开化的饮食明显表现出更强烈的山野气息。这种泼辣又与江西不同。江西的辣，可以口鼻生烟、生疮，开化的辣则辣得含蓄、节制、入味。

开化人说，不吃清水鱼，等于没到过开化。源头第一家的鱼，佐之以辣，炖之于土灶铁锅，农家大碗红椒绿葱乳白汤端上来，看着普通，食之鲜美，是熊掌也断不舍得换的。正宗的清水鱼不在齐溪，而在何田村。江南有何田，有鱼最鲜甜。何田的鱼因何鲜甜？虽是些平常不过的草鱼，价格没法和石斑鱼、鲥鱼、鲟鱼、鲈鱼比，但因了水质，因了与众不同的古水养鱼法。何田清水草鱼的价格是普通草鱼三四倍，当然有不平常的味道。

流经这儿的何田溪源于浙赣交界的济岭，自北向南流入马金溪。钱塘江一路走来，不停有溪流汇入，干流两侧支流分布均匀，近似羽毛状排列，形成羽状水系。何田溪是羽状中的一根羽毛。水资源丰富是古法养鱼的必需条件，何田镇村落沿溪水而建，农户利用地势落差，用竹管直接将溪水引入屋内鱼塘中，鱼塘用石块在天井里砌出，池底铺以石子，水深仅半米。泉水进出，长年不断，常换常新。草鱼食草，投之以山上新鲜青草即可。有时也投田里的苏丹草、黑麦草，养出的鱼，鱼背黑黢黢的，鱼目发光，鱼肚亮白，肉没有泥腥味，汤没有污浊之气。因泉水来自山上，水至清且水温低，鱼生长缓慢，一年至多长一斤，一条鱼长成，要两三年时间。养鱼人不急，山泉有的是，青草有的是，时间也有的是——养一条好鱼不能急于求成，急于求成的鱼，吃起来有速成的味道。山泉，青草，皆来自自然。鱼长与不长也顺其自然。这种养鱼法是“天人合一”的生态理念——据说唐时就有，从寺庙的放生池衍生而来。何田目前仍完整保存着古人养鱼的遗址——“高源一号”百年古宅，在世间经历了百年时间但气势尚在，有一种破败但不失尊严的高贵。“高源一号”的天井，是先人们改造的清水鱼塘，山泉穿塘而过，鱼在塘中，塘在屋内。人与鱼，共生共处。

何田有一老者，八十多岁，将一条鱼养了二十三年，世人争相一睹，将老鱼奉为鱼王。王是人加给鱼的，能被人称为王的太多，多得像行走俗世的大师。鱼从一条幽灵一样细小微弱的鱼苗，用二十三年的时间长成1米多长、三十多斤的大鱼。二十三年只食山泉和青草，这该是要成仙成精的鱼，王不王的在它眼里算个啥呢。草鱼的寿命一般七到八年，鱼龄二三十年的草鱼世上鲜有，大部分鱼在生长的过程中就被吃掉了，能无限生长的鱼是幸运的，有人曾出价七千元购买老鱼，老者不卖，八十多岁了，钱不钱的也不在老者眼里。老者每天早起，去山上采回沾着露水的青草，去田里摘回青菜。青草喂鱼，青菜给自己煮一碗土面。人与鱼相对而

何田陆联村“高源一号”古宅（周建云 摄）

天高任鱼"飞" （吴业松 摄）

食，八十多岁的老者，二十三岁的老鱼，人鱼的情谊成了神话和传说。

源自于长虹乡的碧家河，是羽状水系中的另一根羽毛。当何田溪自北向南往马金溪流淌时，碧家河在干流的另一侧蜿蜒流淌，流入池淮镇后也汇入了马金溪。江南古来就是富庶之地，但近些年来的大规模工业化，颠覆了鱼米之乡的内涵，所谓乡村只剩了空洞的概念，“暧暧远人村，依依墟里烟”的诗意早已不复残存。也许是群山的阻隔，长虹乡却依旧一派田园风貌，保留了世外桃源般的宁静。村落的先祖，多避乱世迁徙而来，有晋室南渡，宋室南迁的北方大族，有徽州定居此地的客商，也有战乱逃避于此的流民。经历了动荡年代的人，最珍惜的莫过于一份安定与安宁，他们并不向往世外的喧闹和繁华，而是借助高山，成功地保留了山水—村落—农田的古典格局。山水质而有灵趣，文学里有虚拟山水，长虹有写实山水，台回山上的桃源村，藏在大山的褶皱里，想要去一次，山回路转，道阻且长。大山导致了强势文明在这个地方束手无策，山脉形成的天然屏障，有效地保护了桃源村独立的生活世界。古朴的民居，建在陡而险的半山之上，山势之陡，让人生出房屋会否跌落下来的担心。梯田错落有致，自山脚层层递进，仿佛是有序推进的梯田将民居一直推到了高处。4月，油菜花从高处往下流淌，养蜂人不知道去了哪里，整个山坡都在嗡嗡嗡的赞美中震颤着，梯田与房屋层层叠叠，越来越

台回山景（钱江源国家公园管理局供图）

高，高到了天上。5月水田插秧，天光云影相印，大朵云团就落在民居的屋背上，或者被一个插秧的人驮在背上背着走。那么大一团云，不及一捆稻草的重量，压不趴人。谁家白发苍苍的祖母坐在门口打盹，让人误以为神仙。整个村庄看不见忙忙碌碌的人，即便卷着裤腿、满脚丫泥巴在田里干活的人，也给人一种颐养天年的感觉。在桃源，劳动就是颐养天年。耕田，除草，割稻，晒谷，不是繁重的体力劳动，而是类似健身房里的体能运动。人们形容某个人身体好，不是用医院体检单上的数据来证明，而是说，某人能担一百斤谷子，某人能扛两根杉树，某人能放倒一头大肥猪。诗人荷尔德林说“人充满劳绩，但诗意地栖居在大地上”。人们劳动的间隙，抬头就看见那轮古代的落日，沿着层落的梯田，一层一层滑落进无限的时间里去。黄昏随之弥漫开来，祖泽之地，荡漾着故园的气息。山外有广阔世界，有人选择了离开，但多数人还是继续留在桃源，因为桃源有一种永久的魅力让他们留恋。人们在这个有些闭塞的地方享受着悠然、安然和天然。大多数的桃源人都有一种底气十足的自豪感，外面太烦人了，只有这里才养人——把人养成神仙。

桃源村是人生的窝，但不是世界的终点，世界的终点在高田坑，桃源村往上，把路走到尽头，就是高田坑——世界凹坑般静谧的老家，与世无争，天长地久。高天坑十多年前才通公路，在此之前，它就是浙江的墨脱。一座晚清的廊桥，将水泥道路和现代隔绝在村外。廊桥的栋梁上有“始建于大清光绪十六年吉旦”的字样。村落还保持着一百多年前的模样，房屋是徽派结构，但没有白墙黛瓦，采用的是闽地夯土的形式，黄泥夯筑的墙体，屋顶覆盖灰黑瓦片，整个村落，随意，粗犷，带着古朴的暖意。高田坑没有被修整和规划过，也没有被重新定义，保留着本来的样子，不好看，不整齐，有点乱，有点破，是一幅没有经过任何修饰的农村生活场景。走遍村子，不见一座贴瓷砖的建筑，也没有汽车。电杆子是唯一和现代相关联的东西，有两三家院子里停着摩托车，落着厚厚的灰，好像摩托车来到这里就是摆设，从没有被人骑过，像极了从穿越剧里掉到这个地方来的怪东西。有一辆电动三轮车上扔着一把稻草，四五个小孩爬上爬下，他们把它当玩具玩。石磨，石臼，牛犁，耙子，随意看见。高田坑其实就是一个村落博物馆。豁口的坛坛罐罐扔在这里，扔在那里，目瞪口呆地看着世外人。一个破咸菜缸里积了土，长出一些野草，野草开出碎花，有点像满天星，很文艺的味道，不是那种崭新的坛坛罐罐，种上花草，特意弄出的文艺。高田坑的坛坛罐罐就是用破扔掉了的坛坛罐罐，想长什么就长什么，不想长，就空空如也地空着。村边一株千年红豆杉，半棵死去，半棵活着，枝条已经长成了美学经典。照在上面的阳光已照了一千年。树上样子很丑的甲虫，头上有很长的触角，我怀疑它来自古代，还没有进化好。水塘边一头水牛的背上落着白鹭，风把牛粪散发出的气味传播了半个村庄。这是原始农耕村庄的味道。大白鹅还是骆宾王诗里的样子，鹅鹅鹅地叫着，不叫的时候，泊在水塘无古无今的空白中，泊在杳然无极的时间里。年老的居民嘴里没有戴假牙，空洞地漏着风。他们倚在门框上打量着山外人，让人想到镶嵌在画框里的遗像，仿佛在这里住过了八百年。

孔子早说过："不患贫，而患不安。"看惯了现代繁华的山外人，眼里的高田坑似乎是落后的，也不富裕，但高田坑人有世人所没有的心安。在这个凹坑般的小山村，时间几乎是停止的，世人浮光掠影过一辈子，高田坑人可以不慌不忙地过八辈子。他们坐在门口，看太阳慢吞吞地往上爬，看一片叶子落下来，晚上数天上的星星，一辈子数下去，也还只数了天空的一角。高田坑的晚上不需要电灯，星星点灯，照亮整个村子，无论往哪个方向走，都有星星提灯跟着，不会迷路，不会撞墙。世外人不畏遥远来到高田村，只为着看星星，这让高田坑人心生怜悯，人怎么可以生活在一个连星星都几乎看不到的地方呢？一百五十万年前，人学会直立行走，就开始了仰望星空，这是爬行动物所不能的。中国自古就是一个喜欢观察星星的国家，出征打仗，出门远行，都要抬头看一看星星。笑看繁星似眼，心中万象皆安。星象之中，暗含无法解说的宿命。诸葛亮观星象，知自己命不长。司马懿观星象，知诸

高田坑 高山梯田（钱江源国家公园管理局供图）

葛亮命将休，这是文学里的演义，有迷信在其中。星相学并不诞生于中国，这个神秘的带有巫气的学问，最初起源于古代两河流域的闪米特人，首先在巴比伦盛行，接着向东传到波斯、印度、中国，向西传到希腊、埃及、罗马和西班牙。早在新石器时代，石片和陶器上就有星辰图案出现，甲骨文中也有大量星象记录。古人早就认识到天上星象与人间万物有密不可分的关系，古代是农耕社会，靠天吃饭，观天象，主要是预测自然灾害的发生，或者根据星象的位置，判断节气的变化，以确定播种或收割的时间。中国历代都有设置专门的机构来观测天象，这个部门从秦汉时的太史令中分设而来，明清时叫钦天监。钦天监在皇帝眼中，远比国子监重要，国家有什么大事，首先得通知钦天监，而且要快。现在这个部门叫天文台。天文台多设在山上，这是因为越高的地方，烟雾、水汽和尘埃越少，影响也越小。高田坑是整个华东地区观星条件最好的地方，天空通透，堪比青藏高原，天光高度低，星星的光波毫无阻隔地传递到地球，仰望星空的人，抬头，低悬的星星仿佛就在额头闪耀——我们乘兴拾阶而上，登上村后最高处的观星台，希望白天也能看到星星，这曾是我们童年的梦，也是时间恒久的回忆，但雨天和白天，都不是观星的好时间。要到七夕，斗转星移，银河清晰地显现，浅可见底，宽可无边，那时所有的星子都在一条河流的两岸闪烁，被银河的水反复擦拭、冲洗，又亮，又干净。我幻想着七夕来高田坑，坐在寂静的观星台，隔着三千流水，仰望一万星河。

高田坑星空（钱江源国家公园管理局供图）

问源

钱江源

# 一　座　县　城　的　样　本

# 一座县城的样本 5

谷雨是春天最后一个节气。斗指辰，太阳到达黄经30度。一候萍始生，二候鸣鸠拂其羽，三候戴胜降于桑。

谷雨时节，秧苗初插，作物新种，雨生百谷，万物在温润的雨中疯长。苏庄镇古田村每年插秧的时候都要举行仪式浩大的保苗节，人们抬着明太祖和关云长的塑像走进农田，锣鼓唢呐，吹吹打打，在田埂上遍插红黄蓝三色小旗，寓意巡游过的田畈，五谷丰收，无旱无灾。

保苗节是人类给野生动物和鸟类的善意警示。钱江源涵盖的四个乡镇，田地紧邻森林，各种野兽时不时出来骚扰，鸟闲得慌了也会飞出森林游荡一下，农人的田地就是它们的花园，种植的庄稼经常留下被破坏的痕迹，野兽们跑进农田搞点动静，没人会去伤害它们。人们早已习惯了它们的出现，与兽为邻，邻里关系要和睦。庄稼种出来就是吃的——人吃，鸟兽吃，都是吃。鸟兽越来越胆大，越来越目中无人。据说苏庄很多村都有类似的民俗活动，“杀猪封山”“杀猪禁渔”是传下来的老传统。每年春节或中秋，村里出钱买几头大肥猪杀了，肉分给村民，每户都有。这一天，家家灶房飘出肉香。村民吃过这顿肉之后，收起猎枪、火药、兽夹、渔网、鱼叉之类的捕鱼和狩猎工具，遵守保护山林溪水的规定，不进山打鸟兽，不下水捕鱼。若有违反，买猪的钱就由违反者出。这种喜剧式的处罚，方法原始，但效果很好，一代代传承下来。

刻着“封山”“禁渔”“禁采矿”字样的古碑分散在各个村落。长虹乡莘田自然村的一面黄泥土墙里嵌着一块石碑，碑额横刻“荫木禁碑”四个字，碑文字迹工整，记载了族人立碑的缘由以及严禁盗砍山林等规定。落款为清乾隆四十一年岁次丙申二月。华埠镇青联村也有禁山碑，清嘉庆二十三年所立，碑文清晰，至今可见：“立禁约三十都青山庄，缘本村南山聚族杂木遮护水口，近年以来屡次偷砍。为此，会同众等议，重申严禁。不许大小登山砍柴、割草挖根。自禁之后，丫枝毛草不许拔剃，永远保留。如有犯者，公议罚款一千文，存众公用。倘不遵罚，禀官判处，绝不徇私。为此勒石示禁。”从碑文中可看出，那时人们已经懂得保护山林，禁止“砍柴、割草挖根”“丫枝毛草不许拔剃，永远保留”，违反者倘若不遵处罚，甚至要报官处理，不可谓不严肃。马金镇富川村，立于明嘉靖四十五年的“禁采矿碑”记载了钦差总督军门示，碑文中提到“将各山矿严加封禁，今后有违禁潜入挖掘者，即报官发兵追剿”。乾隆年间编的《开化县志》有此记载，县志还记载了周边几个村四个矿山当时也一并被禁采。马金镇岩潭村和忻岸村有两块放生碑，岩潭村的放生碑立于清光绪十一年，碑文提到“毋许捕捉鱼鳞，合行示严禁。所有岩潭庄，上自堆坝起，下自堆坝止，河内鱼鳞，既经公议，永远禁捕，尔等务各遵照，公禁界址毋得仍前往捕，自示之后，其各凛遵，毋违，特示。”碑文加盖了县衙印刻，读起来像衙门告示。岩潭村有潭，深十多米，不见底。村民以为潭中有神灵，立下规矩不许在潭中捕鱼。但上游村村民经常趁夜间来深潭捕鱼，于是经常发生斗殴。光绪年间还差点斗出人命，官府严惩了偷渔者，并下告示，对于违禁捕鱼者，轻则罚款，重则杖打。岩潭村将官府告示立碑于村口，像一道护符，护佑着流水。这样看来，古人在生态理念上，并不比我们落后，明清时的中国乡村，虽还不能说明白“丫枝毛草不许拔剃，永远保留”“河内鱼鳞，既经公议，永远禁捕”的科学意义，不能把大地上的草木跟天气、温度、水、土壤、空气联系在一起。但他们知道树木是不能砍的，草根是不能挖的，斩草除根，山林就会消失。山林消失了，就不能庇荫后代。古人已经能长远地考虑到后代的生存环境，我们到今天还享用着他们保留下来的山林。站在这些碑文前，怎不让人生出对先祖的崇敬和感恩。

2005年，横中村首先恢复了“杀猪封山”的村规，其他村纷纷效仿。后来几乎每个村都恢复了这个传统，重新演化为仪式隆重的“封山节”，除了杀猪，还组织乐队鸣炮奏乐，宣读封山村约，立封山碑，种树木，放生鸟，在溪流中投放鱼苗，在村长的带领下，浩浩荡荡巡游村庄，“封山喽”的喊声穿过田野，穿过重山，传至森林。

在苏庄镇，源于古田山的苏庄溪流淌40.6公里后流入江西，经鄱阳湖，入长江，是开化唯一属于长江水系的河流。苏庄溪是跨省的溪流，大鳙岭脚下的河滩村则是跨省的村落。

横中秋色（程育全 摄）

同一个村子，一家门牌是“长虹乡霞川村河滩自然村”，相邻的另一家则是“江湾镇东头村河滩自然村”。前者属于浙江，后者属江西。村里的公厕也是浙江、江西各半。村中男女结合，房前屋后，就从一个省嫁到了另一个省。在村民看来，省不省的，没多大干系，倒是许多人想来此体验一下脚踩两省的感觉，村民利用地理优势，开民宿、开饭馆，一些手工艺作坊也应运而生。附近几个江西村子也似乎跟浙江更亲近，不但移动通信和电视信号，用电也是浙江这边的。所以在开化遇见多少江西人，都是再正常不过的事。

马金溪流过马金镇、音坑乡、华埠镇，继续往下，沿途收编散兵游勇，越来越壮大，从最初的一线一脉，到达开化县城时，已初具一条江的形态。地图上依然叫马金溪，当地人却叫了芹江。这条穿过春天的流水，经过山峰、森林、草木、禽鸟、动物、村落、田野后，呈现出大地真理的形态。它有被春风吹绿的身体，不出声地绕城而流。它缓慢、沉静，和这个三省交界的小城一样不慌不忙，不紧不慢，带着独属于自己的气息和节奏。我从它的源头开始，看见上游的莲花溪带着野性冲出群山，马金溪穿过村落群时犹疑不前，它在开化县城拐了一个弯，张望片刻，蛇一样扭动身体，继续向前流去，但谁能想到它会长成一条辽阔的大河，哺育着沿岸数千万芸芸众生。

在小城街头走，看不见特别高的建筑。钱江源国家公园管理局在老街的旧巷子里，老式的办公楼也在记录着它的演变和历史。

我们走过天南地北，发现还是老城最能代表一个城市的个性，老城没了，就相当于这个城市的历史断裂了。幸运的是，在开化，整个县城都被保留了下来。居住在小城里的人，悠然地提着篮子去买菜，搬个竹椅坐在门口，用一下午的时间剥毛豆。出门上班，骑电动车、自行车，或者安步当车，没有谁想着急死忙活地超过谁。街道边的店铺和手工作坊，充满老的味道，贴着门神的大门，洞开的门户里可以看见正待开席的晚餐，墙头上的兰花含着花苞，阳台上垂挂下来的床单在风中飘荡，一切都是旧时光的颜色。开化守住了它的旧，守住了它的小。这座带着山野风的小县城，一如既往地待在春天里。

开化是钱塘江流经的第一座城市，地处

浙皖赣三省七县交界的“茶叶金三角”。河流两岸分布的犀牛化石遗址、双溪口文化古遗址、霞山古村落、包山书院、灵山寺、华严古刹等文化遗迹，是开化的历史，也代表了它的气质。站在芹江边，北望是凤凰山，相传源自古人目睹凤凰在此山栖身而得名。凤凰是传说中的神鸟，似乎并没有人亲见过，也许古人看见的是白鹇或白颈长尾雉吧，那时候这一带应该是它们时常出没的地方。清光绪年间的《开化县志》记载：凤凰山在县东南一里，如凤凰展翅，故名之。元进士方森建塔于山嘴，故名塔山。远观凤凰山的地形山貌，确像一只凤凰，凤头落在城东南，两翼绵延如凤凰展翅，延顺至凹滩的山峦是长长的凤尾。县志中提到的方森乃元泰定年

十里听泉（程育全 摄）

间进士，曾是主管文书卷宗的官吏，元朝汉人不得铨正印，方森干了几年就辞了官，回开化后不惜重资建塔，塔七层六面，曰“文塔”。明万历年间拔贡徐公远来到开化，登凤凰山，留下诗句：“凤凰高耸蔚崔巍，百里峰峦入梦来。”1958年某日，开化人眼见凤凰山上烟尘四起，文塔轰然倒塌。新塔乃2015年复建，如今登上凤凰山，还能看见旧塔的遗址，几块碎青砖，混在乱石中，淹没草丛里。空塔无人，水流花谢。站在塔址，之杳冥，之寂寥，之悲哀，让人以为自己站在荒古的时间里，站在人类的荒址上。

开化春秋属越，战国属楚，秦属会稽郡太末县，东汉隶会稽郡新安县（今衢州市）。建安二十三年，孙权置定阳县，开化属定阳，隶会稽郡。三国时吴宝鼎元年后隶东阳郡，经两晋、宋、齐、梁，陈隶信安郡。唐武德四年隶衢州，武德八年隶婺州（今金华），武后垂拱二年属衢州，至五代不变。宋乾德四年，吴越王钱俶分常山县西境的开源、崇化、金水、玉山、石门、龙山、云台七乡置开化场。“开化”即由开源、崇化二乡名各取一字而得。自此有开化县，之后朝代更迭，开化县只在民国时期短暂隶属婺州，其他时期，皆属衢州。

看似山高皇帝远，开化却文风浓郁。自宋至清，共有进士214名。其中长虹乡北源村就出过两个状元，一位程宿，北宋端拱元年金榜夺魁，为宋代浙江历史上首位状元，曾官至江西安抚使，三十岁卒，宋真宗赐谥

龙潭秋韵（段刚强 摄）

“文熙”。另一位程俱，南宋绍兴初做了中央政府文化主管机构的第一任实际负责人，编撰《麟台故事》，著有《程氏广训》《北山小集》，收入《四库全书》。理学家朱熹、吕祖谦也曾在包山书院讲学课徒。开化能文，亦能武。事实上，开化、龙游、江山，乃至整个衢州地区都有尚武的风气。芹江边至今常有人习拳弄棍，从衣着到体格，一招一式，充满剽悍之气。开化曾为国家举重队输送过不少人才，有两届奥运冠军占旭刚，超女子举重世界纪录的全国冠军李佳敏，超女子世界纪录的叶美珍，打破亚洲纪录的占晓林等，据说与开化民间早年练石担、举石锁的风习有很大关系。这是一种既要体力也要勇气的游戏，如今臂力大王的举重若轻，在民间犹可见。一代武侠巨匠金庸先生曾在距开化仅一小时车程的衢州中学就读，虽不能说金庸先生成年后写武侠是在此受到影响，但衢州的武术氛围无疑给他留下了深刻的记忆，以致在《天龙八部》《碧血剑》中，他不止一次将重要的搏杀场景安排在了衢州。

说到金庸，不能不提起“开化纸”。开化纸是清代最名贵的纸张，质地细腻洁白，帘纹不明显，薄而韧性极强。清顺治、康熙、雍正、乾隆时，宫中刊书以及扬州诗局刻书多用开化纸。因白色的纸上有一星半点微黄的晕点，如飘落的桃花，开化纸也叫桃花纸。开化还产一种“开化榜纸”，开化榜纸表面类似开化纸，略厚，颜色显得深些，质量次于开化纸。开化榜纸年代比开化纸晚，嘉庆、道光时宫廷用来印书，评价不如开化纸。如今开化纸尚有生产，完全的手工制作，已成为地方非遗项目。

在开化，孺妇皆知的却是有“根宫佛国”之誉的根博园。无论如何，对于蛰居深山的浙西小城来说，凭空飞来一座气象万千的根博园，都是不可思议的奇迹。我去的时候赶上雨后初霁，早晨的空气里混合着浓郁的花草气息，它是属于春天的，也是钱江源所独有的。眼前的大门是从前入园的必经之路，仿制的根雕造型，只不过由于园区规模的不断扩大，如今改走了另一处如朝堂前的向上台阶。诗人赖子是当地政府派驻根博园的管理者，半个东道主，他先领我游览了园子里的草木和奇石。草木都是名贵品种，奇石也是万千形态的造型，如果不是诗人向我介绍根博园的主人徐谷青是一位年轻时就痴迷于园林艺术的大师，我还以为是它们自己从四面八方聚集到这山水秘境。待转到醉根博物馆，诗人提醒我注意博物馆的唐风造型，檐角轻翘，很像盛开的莲花，整体上又有着天人合一的端方。馆分两层，藏品皆出自大师之手，属呕心沥血之作。而我更喜未来佛殿内摆放的各式弥勒佛像，大腹便便，一脸和睦和宽容，能解尽世间烦恼的样子。相接的五百罗汉长廊，乃徐谷青大师创作之精华，他集各地千年龙眼木根桩，殚精竭虑，妙手天成，赋予它们以灵魂，使之涅槃重生。五百罗汉，或孤坐独立，或闭目凝神，或似笑非笑，或合十摊手，形态迥异，但每一尊都和近邻构成呼应，共同演绎着净界悲喜，达到了根雕艺术与佛教文化的完美结合。

一座根宫佛国，求名者熙熙而来，趋利者攘攘而去，徜徉其中，我领受更多的还是烟火气息。诗人点头，一脸严肃，说这恰是它的与众不同，因为它并非一般意义上的庙宇，而是根雕艺术的王国，至于来去者，能否求仁得仁，求义得义，那就要看自身的造化和机缘了。

这就是开化，这就是养在深山的钱江源。一条河流的源头已是如此气象万千，其下游注定要诞生伟大的文明。这样想来，良渚文化遗址和河姆渡文化遗址，都不再那么让人激动不已。

暮晚时分，我在江边坐下，看一江春水平静东流，入海的关头，终有了一条江河该有的汹涌。但此时的芹江，西天云霞映照，仿佛不曾流动。我捡起一块石头，奋力扔出，试图击中什么，却没有听到石头落水的声音，石头被我投进了无限的时空。一条大河是各种抵达的汇集和延续，它不会在开化静止下来，它还要继续往前，只有我停了下来。我不知道自己为何坐在这里，正如我不知道自己为什么走既远又偏的路，去寻它的源头。我无数次靠近，经过它的一段又一段，看见它初始的野蛮和清澈，也看见了它中途的迂回和犹疑，想起那一日，我站在莲花塘边，对着塘中观音菩萨双手合十，仿佛有流水自心里流过，从头到脚地洗涤了我。复一日，我站在马金溪边，看群鸟低飞过水面，投入到对岸的树林。流水奔流，愈加庞大，也愈加孤独，接近入海的时候终将被时代裹挟，但它的微茫和淡泊从始至终，它的源头仍停留在世界的原处。又一日，我站在何田溪不过数米的石桥上，想到下游的无数座桥，随着江河的变宽，愈加雄壮，及至接近终点，钱塘江大桥已可用雄伟来形容。同样的某个黄昏，我坐在群山之上，森林在脚下绵延，飞鸟在无限靠近落日，流云在靠近不朽之乡。晚风起，夕阳开始下沉，我看见了最远的一颗星。接下来，一整个银河系都在永恒地闪烁——它们是天上的河流的光——璀璨、深远、无限，与大地的江江河河交相辉映。

# 大事记

## 2017 年

10 月，《钱江源国家公园体制试点区总体规划（2016—2025 年）》经浙江省政府同意正式**发布实施**。

## 2016 年

6 月，国家发展改革委**批复**《钱江源国家公园体制试点区试点实施方案》。

## 2019 年

7月，浙江省委整合钱江源国家公园党工委、管委会，**新设立**钱江源国家公园管理局。

## 2017 年

3月，浙江省委编办**批复设立**钱江源国家公园党工委、管委会，与开化县委县政府实行“两块牌子、一套班子”的“政区合一”管理模式。

# 附录

# 生物景观

## 动植物资源

试点区位于浙江省衢州市开化县。试点区由古田山国家级自然保护区、钱江源国家森林公园、钱江源省级风景名胜区以及连接自然保护地之间的生态区域整合而成。试点区涵盖了中亚热带常绿阔叶林、常绿落叶阔叶混交林、针阔叶混交林、针叶林、亚高山湿地5种植被类型，具有全球保存最为完好、呈原始状态的大片低海拔中亚热带常绿阔叶林，是国家一级保护野生动物黑麂、白颈长尾雉的主要栖息地。

试点区属于白际山脉，孕育于中生代侏罗纪，距今约有2亿年的历史。由于白垩纪燕山运动，山体主要由寒武纪的花岗岩、花岗斑岩等构成，花岗岩侵入体风化形成许多悬崖峭壁，具有典型的江南古陆强烈上升的地貌特征，区域内崇山峻岭连绵不断，加之切割作用明显，谷狭坡陡，山脊脉络清晰。独特的地形地貌塑造了具有科学展示价值的重力坡地貌、花岗岩山体以及各种类型的断层、河流阶地、峡谷等地质地貌景观。

较高的森林覆盖率孕育了以低海拔中亚热带常绿阔叶林及其生态系统为主的典型植被景观和珍稀植物群落；繁茂的植被和多样的森林生态系统为动物栖息、繁衍提供了良好的生态环境，形成了白颈长尾雉、黑鹿等国家一级保护野生动物栖息地的独特生物景观。

该区域发现维管植物模式标本达11种，昆虫模式标本达164种，记录有264种鸟类，占浙江全省的52%，国家一级重点保护鸟类1种，国家二级重点保护鸟类35种；兽类有44种，隶属于8目18科，包括国家一级重点保护动物黑麂、穿山甲，二级重点保护动物猕猴、藏酋猴、黑熊和中华鬣羚。其中黑麂的种群数量占全球种群数量的10%以上。

感谢钱江源国家公园管理局为本书提供图片

**图书在版编目（CIP）数据**

问源：钱江源 / 谷禾，杨方著. -- 北京：
中国林业出版社，2021.9

ISBN 978-7-5219-1279-1

Ⅰ. ①问… Ⅱ. ①谷… ②杨… Ⅲ. ①国家公园—
介绍—开化县 Ⅳ. ①S759.992.554

中国版本图书馆CIP数据核字(2021)第145749号

责任编辑　孙　瑶　盛春玲
装帧设计　刘临川
出版发行　中国林业出版社（100009 北京
　　　　　西城区刘海胡同 7 号）
电　　话　010-83143629

印　　刷　北京博海升彩色印刷有限公司
版　　次　2021 年 9 月第 1 版
印　　次　2021 年 9 月第 1 次
开　　本　787mm × 1092mm　1/32
印　　张　6.5
字　　数　63 千字
定　　价　55.00 元